小读客

# 小读客经典童书馆

童年阅读经典 一生受益无穷

古诗词里的自然常识

# 吃萝卜为什么爱放屁？

史军 著

傅迟琼 绘

江苏凤凰文艺出版社
JIANGSU PHOENIX LITERATURE AND
ART PUBLISHING

图书在版编目（CIP）数据

吃萝卜为什么爱放屁？/ 史军著；傅迟琼绘 . ——
南京 : 江苏凤凰文艺出版社 , 2022.9（2023.2 重印）
（古诗词里的自然常识）
ISBN 978-7-5594-6578-8

Ⅰ.①吃… Ⅱ.①史…②傅… Ⅲ.①自然科学－儿
童读物 Ⅳ.① N49

中国版本图书馆 CIP 数据核字 (2022) 第 168601 号

# 吃萝卜为什么爱放屁？

史军 著　　傅迟琼 绘

| | |
|---|---|
| 责任编辑 | 丁小卉 |
| 特约编辑 | 庄雨蒙　唐海培　李颖荷 |
| 封面设计 | 吕倩雯 |
| 责任印制 | 刘 巍 |
| 出版发行 | 江苏凤凰文艺出版社 |
| | 南京市中央路 165 号，邮编：210009 |
| 网　　址 | http://www.jswenyi.com |
| 印　　刷 | 河北彩和坊印刷有限公司 |
| 开　　本 | 880 毫米 ×1230 毫米 1/32 |
| 印　　张 | 11 |
| 字　　数 | 111 千字 |
| 版　　次 | 2022 年 9 月第 1 版 |
| 印　　次 | 2023 年 2 月第 2 次印刷 |
| 标准书号 | ISBN 978-7-5594-6578-8 |
| 定　　价 | 159.60 元（全 4 册） |

江苏凤凰文艺版图书凡印刷、装订错误，可向出版社调换，联系电话：010-87681002。

## 想读懂古诗词，先要读懂生活

咱们中国的古诗词美吗？当然美！

作为一个曾经做过语文试卷的人，你是不是也只是把这些赞美挂在嘴边而已？

既然古诗词是我们的文化瑰宝，既然我们都觉得古诗词是美好的语言，既然我们自认是中华文明的传承者，为什么还会有这样尴尬的情况出现呢？

因为我们离开古诗词已经太久了。不过，这种距离感不是时间带来的，而是认知带来的。

细想一下，你就会发现古诗词离我们并不遥远。一口气背诵上百首唐诗，一口气报出"李杜"的名号，这样的场景何其熟悉。然而，这些词句和知识即便经过了我们温热的双唇，也只是冷冰冰的文字组合，并没有成为我们生活的一部分，它们只是一些复杂的文字符号，读完后很快就消散在空气中。

训练记忆能力就是古诗词的全部价值吗？当然不是！

古诗词里有的是壮丽河川，古诗词里有的是花鸟情趣，古诗词里有的是珍馐美味，古诗词里有的是恩怨情仇……而这一切不正是所有我们喜欢听的故事的组成部分吗？

想象一下，如果古人也有抖音、微博、小红书这些社交平台，那么古诗词就是他们社交平台上鲜活的内容。古诗词的背后有着生

动的故事，有着难忘的回忆，还有着灿烂的文化传承。

当然，要想真正明白这些文字，我们确实需要一些知识储备。毕竟古诗词是古人创作智慧的结晶，他们用尽可能极致、简练的语言表达更多的内容和更悠远的意境。

你可能会抱怨：说了半天，还是不能解决问题啊。别着急，这正是《古诗词里的自然常识》的价值和意义所在。读完这套书，孩子会明白《诗经》中"投我以木瓜，报之以琼琚"的本义是滴水之恩，涌泉相报；读完这套书，孩子会明白"春蚕到死丝方尽"其实是一个生命轮回的必经阶段，蚕与桑叶割舍不断的联系在几千年前就注定了；读完这套书，孩子会明白古人如此看中葫芦这种植物绝不仅仅因为它的名字的谐音是"福禄"……

这正是我们力图告诉孩子的故事，这正是我们想让孩子了解的中国历史和自然常识！

有趣生动的故事、色彩鲜明的插画、幽默活泼的文字是有效传递这些思考和理念的扎实的基础。看书不仅仅是看词句，更重要的是体会古诗词作者的生活，真正理解这些古代的好评量极高的社交内容。

从今天开始，不要让古诗词成为躺在课本上的文字符号；从今天开始，让我们一起找回古诗词原有的魅力和活力！

让古诗词成为我们知识的一部分吧，让古诗词成为我们话语的一部分吧，让古诗词真正成为我们生活的一部分吧。

想读懂古诗词，先要读懂生活。这就是我们想告诉你的事情。

中科院植物学博士　史军

# 目　录

竹笋

大白菜

蘑菇

芜菁

荠菜

# 古诗词里的蔬菜

# 萝卜 (luó bo)

为什么小朋友觉得萝卜是苦的？吃多了萝卜为什么爱放屁？

## 撷（xié）菜

〔宋〕苏轼

秋来霜露满东园，

芦菔生儿芥有孙。

我与何曾同一饱，

不知何苦食鸡豚？

苏轼在被贬惠州时，借了半亩地种菜，日子过得清苦，他却十分乐观豁达。这首诗一开始写了秋季霜露满园的景象，又写了东园里的蔬菜长得十分茂盛，萝卜、芥菜可以说是子孙繁茂。晋代骄奢无度的何曾和自己一样都只求饱腹，不知何曾何苦来，非要吃鲜鸡肥豚不可？

市面上各种颜色、大小的萝卜

象牙白

灯笼红

心里美

樱桃萝卜

潍县青

2

一碗白米饭

一碟白萝卜

一撮（cuō）盐

这是我发明的晶（xiǎo）饭。

## 菜里有历史

萝卜是中国土生土长的蔬菜，栽种的历史几乎和中国人的历史一样长。萝卜在《诗经》中叫"菲"，在《尔雅》中叫"芦菔"。萝卜这个名字在宋朝时已经出现了，不过在那时，很多人还是叫它芦菔。在《撷菜》这首诗中，诗人苏轼就提到了园子里种的萝卜——芦菔。

萝卜储存的时间长了，会失去水分，运输水分和营养的管道（维管束）还会变硬。这时候，我们会说萝卜"糠"了。

### 博物小课堂

## 一个萝卜一个坑

俗话说："一个萝卜一个坑。"为什么拔出萝卜会留下一个大坑？因为萝卜肉乎乎的根是贮藏根，它要在冬天来临之前储存足够多的养分，等到来年一开春，就可以给花朵供应，结出很多种子了。很多人以为，萝卜的身体都长在地下。其实不然，很多萝卜的上半截儿都是长在地面上的。很多萝卜拥有绿色的外皮，那是晒太阳的结果。

上部 水分足，口感甜。

中部 水分和甜度适中，口感柔软。

下部 水分少，不甜，比较苦。

# 萝卜为什么不好吃？

对不爱吃萝卜的小朋友们来说，萝卜绝对是餐桌上的"讨人嫌"。萝卜有两个讨人嫌的地方。第一，萝卜吃起来是苦的。第二，人吃多了萝卜容易放屁。其实，不光是萝卜，像芥菜、卷心菜和大白菜都有微微的苦味。这是因为它们身体里有保护自己的特殊化学成分。一般来说，小朋友的味觉要比大人灵敏得多，更容易尝出苦味来，所以很多小朋友不爱吃萝卜。

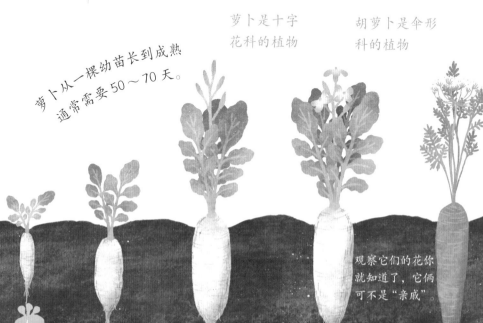

萝卜从一棵幼苗长到成熟通常需要50～70天。

萝卜是十字花科的植物

胡萝卜是伞形科的植物

观察它们的花你就知道了，它俩可不是"亲戚"。

# 吃多了萝卜为什么爱放屁？

吃多了萝卜爱放屁，是因为萝卜中的膳食纤维太多了。什么是膳食纤维？海带表面那种黏糊糊的东西就是一种膳食纤维。人类的消化系统不喜欢这种东西，但是细菌很喜欢。吃下膳食纤维之后，人体内会产生很多气体，于是就容易放屁。人吃多了红薯爱放屁，也是同样的原因。

## 妙趣小厨房

### 制作泡萝卜

1.把萝卜洗干净，晾干。

2.把萝卜切成条。

3.把预先煮好的、凉（liàng）凉（liáng）的花椒大料水和萝卜一起倒进坛子里。

5.半个月之后就可以吃泡萝卜了。

4.封好坛子。

# 大白菜 (dà bái cài)

为什么白菜心好吃？为什么大白菜放一个冬天都不坏？

## 沈长山山庄绝句三首·其二

〔明〕郑明选

莲花兜上草虫鸣，

处处村庄白菜生。

宾雁成行如一字，

寇兔作阵似风声

清脆的虫鸣、葱翠的白菜、天空中自由翱翔的飞鸟，郑明选的这首诗为我们勾勒出一幅恬淡的乡村画卷。从"处处村庄白菜生"能看出，早在400多年前，白菜就已经走进千家万户了。据说，北宋大文学家苏轼甚至认为白菜比羊肉还好吃。

## 菜里有历史

从公元3世纪开始，白菜家族正式出现在了人们的餐桌上。最早的大白菜叶片散开，被称为"菘"。这个叫法和大诗人陆游的祖父陆佃有关。陆佃是北宋的学问家，他曾说："菘性凌冬不凋，四时常见，有松之操，故其字会意。"意思是菘菜在寒冬时节都不凋谢，拥有像青松一样坚毅的品格，所以用"菘"字来取名。听起来有几分道理，只是叶片散开的菘菜远没有包心的大白菜耐存。

## 大白菜的生长过程

1. 白菜果实里藏着小小的种子。

2. 发芽。

3. 长成小白菜。

4. 结球。

5. 长成成熟的大白菜。

6. 开花。

## 为什么白菜心好吃？

大白菜的口感主要由可溶性糖、粗蛋白和粗纤维三个因素决定。前两种成分越多，我们吃到的白菜就越鲜甜脆嫩。后一种成分过多，我们尝到的就是咬不动的白菜筋了。白菜叶片从外向内，可溶性糖和粗蛋白的含量逐渐升高，而粗纤维的含量逐渐降低。白菜心好吃的秘密就在这里。不过，外层白菜叶的维生素 C 含量比较高。

## 为什么大白菜放一个冬天都不坏?

**这**是因为大白菜被采摘时还是"活"的。大白菜被采摘的部分在农业上被称为叶球,实际上就是完整植株除去根剩下的部分。叶球中间有正在发育的花蕾。按理说,只要温度和湿度适当,大白菜就能继续生存下去,自然也就不会腐烂了。当然,"活"也会带来问题。特别是被切断的根部,暴露在空气中会变成褐色。

把大白菜的叶球泡在水里,它会继续生长,开出花来。

叶球

妙趣小厨房

## 为什么有些大白菜吃起来有芥末味?

**那**是因为大白菜同芥菜一样,含有类似的化学物质——异硫氰(qíng)酸盐。这种物质在适当的条件下会分解,产生有芥末味的物质。特别是当大白菜没有完全炒熟的时候,有芥末味的物质最容易产生。

## 市面上的各种白菜

橘红心

玉田包尖

城阳青

## 烂心大白菜吃不得

我们经常会碰到这样的大白菜，虽然外表光鲜，但是剥开几片叶子之后，就发现心已经腐烂了。这种现象是由一类叫欧氏杆菌的细菌引起的。它们可以通过切开的菜根进入大白菜，在内部"搞破坏"。虽说这种细菌本身没什么毒素，但是它们会把大白菜中的硝酸盐变成亚硝酸盐，我们吃进去会造成食物中毒。所以，烂心的大白菜还是扔进垃圾箱吧。

烂心大白菜

# 莲藕 (lián ǒu)

为什么掰开莲藕会看到很多孔？睡莲和莲是一家吗？

## 江南

汉乐府

江南可采莲，莲叶何田田。鱼戏莲叶间。

鱼戏莲叶东，鱼戏莲叶西，鱼戏莲叶南，鱼戏莲叶北。

**听我讲诗词**

这是一首两汉时期乐府从民间采集的诗。意思是江南又到了采莲的季节，莲叶浮出水面，挨挨挤挤。荷叶下面，鱼儿嬉戏玩耍。一会儿在这儿，一会儿又在那儿，说不清究竟在东西还是南北。

**菜里有历史**

中国人吃莲藕的历史堪称久远。在有5000年历史的仰韶文化遗址中就出土了莲子，长沙马王堆汉墓中还出土了盛放藕的食盒。中国人不仅爱吃藕，还爱

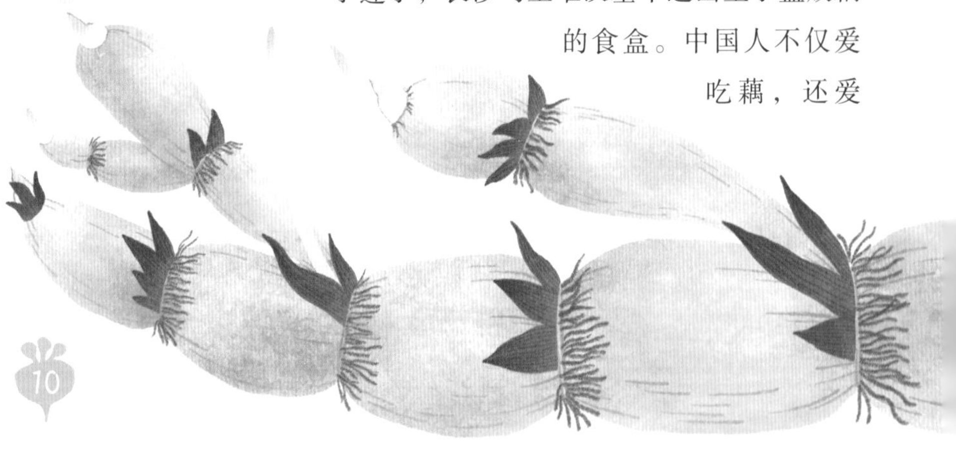

赏荷花。在《诗经》中，就有"山有扶苏，隰（xí）有荷华"的描述。相传在春秋时期，吴王夫差为了讨西施欢心，特意在王宫中修建了"玩花池"，里面栽种的都是漂亮的水生植物，荷花自然是其中的明星了。从西汉到东汉，皇帝们都对荷花有不小的兴趣，荷花池是皇家园林的必要设计。在北宋的都城东京（今河南开封），荷花被搬上了大街。工匠们在皇帝专用的御道和行道之间开挖了两条御沟，沟里种上了荷花，供皇帝赏玩。

## 博物小课堂

## 为什么莲藕会有孔？

简单来说，这些孔就是为了"喘气"用的。植物生长不仅需要阳光进行光合作用，还需要氧气进行呼吸作用，就像我们人类需要呼吸一样。生长在淤泥中的莲藕很难从环境中获得氧气，而莲藕的孔就是氧气和二氧化碳的通道，让淤泥中的莲藕自由呼吸。聪明的中国厨师会往这些孔里塞进糯米，做成香喷喷的糯米藕。

嫩芽

藕丝是导管上的加厚螺纹，就像弹簧一样，挤压在一起。掰断莲藕，"弹簧"被拉长，便是"藕断丝连"。

## 脆藕和面藕有什么区别？

不同季节，莲藕的风味差别很大。夏藕脆爽清甜，适合生吃；而冬藕沙粉软糯，适合炖煮。制作糯米藕和排骨莲藕都用冬藕。春夏时节，莲藕的生长处于活跃状态，莲藕中的糖类以蔗糖和果糖的形式存在，细胞中更是充满了水分，所以吃起来脆甜。到了秋天，藕节开始储存过冬的营养，淀粉含量急剧上升，最终变成像山药、红薯一样的"淀粉棒"了。

## 莲的结构

莲心：莲心是绿色的，而且很苦，那就是幼小的莲藕宝宝了。

莲叶：莲叶正面密布着肉眼看不见的乳突，可以托起、聚合水滴，带走灰尘，这便是我们常说的"出淤泥而不染"。

花：莲花在开放的第一天和第二天晚上会把花瓣收回去，但是第三天花朵完全绽放后就合不上了。

叶柄：叶柄上布满了密密麻麻的小刺。

藕节：一节仅能生出一片叶、开一朵花。

## 自制桂花藕粉羹

用纱布包住剁碎的莲藕，挤出其中的水分。将挤出的莲藕汁静置一会儿，倒出上层的清水，留下底下沉淀出的粉，冲入沸水，纯天然的藕粉羹就做好了。再加点儿桂花干、糖，味道相当好。

幼嫩的莲蓬：莲蓬由雌蕊和花托构成，雌蕊下部是子房，成功授粉后，它会发育成果实。

## 睡莲虽美，不是一家

睡莲和莲虽然名字很像，但它们根本就不是直系亲属。从叶子的位置来看，莲的叶子总会高出水面，而睡莲的叶子总是趴在水面上。我们总看到莲花凋谢之后长出的莲蓬，但是从来没有见过睡莲长莲蓬，这是因为睡莲的果子是在水下生长的。

此外，两者的花朵也有区别。莲花一般是粉色和白色，而睡莲的色彩就丰富多了，有白有红，有黄有蓝。

睡莲

莲蓬是一个聚合果，每一个莲子是一个单独的果实。

13

# 蘑菇（mó gu）

世界上长得最大的蘑菇有多大？年纪最老的蘑菇有多老？
为什么吃了的蘑菇第二天还能再见面？

## 入京

〔明〕于谦

绢帕麻菇与线香，

本资民用反为殃。

清风两袖朝天去，

免得闾（lú）阎话短长。

这首诗的大意是绢帕、麻菇、线香这些土特产本来是老百姓自己用的，却被官员们搜刮走了，这给老百姓的生活带来了灾难。所以诗人要两手空空进京去见皇上，免得百姓怨声载道。这首诗短小、语言质朴，我们不难看出诗人心系百姓、不愿同流合污的高洁品质。

### 2. 菌丝融合

来自两个孢子的菌丝融合，形成新的菌丝体。

### 4. 蘑菇冒出来

纽结膨大，形成小的蘑菇。

### 5. 蘑菇长大

蘑菇逐渐长大。

### 3. 真菌生长

新的真菌生长，形成细小的纽结。

### 1. 孢子着陆

孢子在土里扎根，长满了尖刺。

# 各种各样的蘑菇

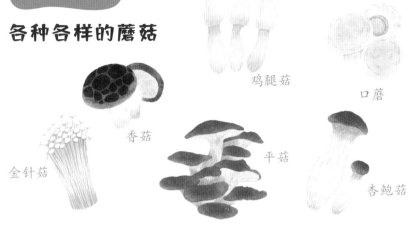

鸡腿菇

口蘑

香菇

平菇

金针菇

杏鲍菇

# 蘑菇的结构

我们吃的只是蘑菇身体的很小一部分。蘑菇还有无数细细的菌丝，那才是它的正牌身体。这些菌丝能分解植物的残骸，转化为蘑菇生长所需的营养。此外，菌丝也是蘑菇拓展生存空间的主要手段。

世界上最大的一株真菌——奥氏蜜环菌

它占地大约890公顷，约2400岁。它巨大的身体就是地下延伸的菌丝。

6. 散播孢子

成熟的蘑菇
释放孢子。

蘑菇的菌丝
可以不断地
延伸，产生
分枝。

生产孢子
的组织

中国人很早就发现有些蘑菇能当作食物，《吕氏春秋》中就曾提到"和之美者……越骆之菌"。后来，人们发现了越来越多可以食用的蘑菇。比如，《齐民要术》里就写到当时的人们把蘑菇称为"地鸡"，认为地里长出的蘑菇像鸡肉一样鲜美。我们的祖先在隋唐时期就已经种植蘑菇了，在公元 7 世纪的唐朝就有黑木耳人工栽培的描述。至于大名鼎鼎的香菇，是在宋代时被聪明的农夫搬进了菜园。

早在 13 000 年前，蘑菇就登上了人类的餐桌。科学家在智利的人类遗迹中，就发现了蘑菇的痕迹。在古罗马和希腊人的餐桌上都有蘑菇菜肴。公元 1600 年，法国人培育出了双孢菇，这种圆头圆脑的蘑菇是今天西餐中的主力成员。

蘑菇是一种好玩的食物，吃起来像肉，尝起来像鱼。不过，我们的肠胃并没有什么好方法对付它。所以，在吃了蘑菇之后，你还会和马桶里的蘑菇再碰面。

## 蘑菇为什么鲜？

蘑菇的鲜味来自其中的谷氨酸和肌苷酸。谷氨酸是我们平常吃的味精的主要成分，而肌苷酸更多出现在鸡精等调味品中，在调味料的成分说明中很容易找到它们的名字。除了鲜味，不同蘑菇的香气也是各自独特的识别标志。比如，松茸有杏仁的香气，而香菇呢，自然是有香菇味了。

## 制作美味的菌油

**蘑**菇怕热不怕冻，最好存放在阴凉处。即使冻成了蘑菇冰也没有关系，化冻后烹调，还是一盘美味。如果吃不完，还可以用油炸成干。在锅中放入植物油和蘑菇，用小火慢煎，直到蘑菇缩成干，再放入调味品，就成了美味的菌油。菌油拌面、拌饭、拌凉菜都好吃。

## 可怕的毒蘑菇

**吃**下毒蘑菇很危险，如果不及时救治，就有性命之忧。有一种叫小美牛肝菌的蘑菇，误食会让人产生幻觉。中毒的人会看到一些奇异的景象，比如拇指大小的小人儿，这种病症被称为"小人国综合征"。为了一饱口福，人们还自创了一些识别有毒野生菌的方法，比如会让蒜瓣变黑的有毒、鲜艳的有毒等。不过这些方法都不靠谱。

亚稀褶黑菇

毒蝇鹅膏菌

白毒伞

豹斑鹅膏菌

注意！这些蘑菇都有毒。

# 韭菜（jiǔ cài）

韭菜、大葱、韭葱……怎样才能分得清？韭黄是韭菜变的吗？

## 杏帘在望

〔清〕曹雪芹

杏帘招客饮，在望有山庄。

菱荇（xìng）鹅儿水，桑榆燕子梁。

一畦（qí）春韭绿，十里稻花香。

盛世无饥馁（něi），何须耕织忙。

### 听我讲诗词

这首诗出自中国古典文学四大名著之一的《红楼梦》，写的是大观园内的一处景致。诗中对韭菜的描写非常美，一畦畦韭菜在春风中长得翠绿，一片片稻田散溢着稻花的清香，就像一幅画出现在我们的眼前。

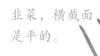

韭菜，横截面是平的。

### 菜里有历史

韭菜是我国土生土长的蔬菜。早在 2000 多年前，《诗经》中就有"四之日其蚤，献羔祭韭"的诗句。可见，当时的人在祭祀时就已经使用韭菜了。到了汉代，官府开始利用暖房在冬季生产韭菜，皇家贵族在冬天里也能吃到新鲜的韭菜。

## 韭菜为什么会越割越多？

这是因为韭菜有一个强大的宿根，并且它的芽还有不断萌发生长的能力。其实，这也是韭菜在野外生存的秘籍之一——被动物啃掉叶片之后，随时会长出新的叶片。这样就能保证韭菜总是有晒太阳和造食物的场所。

韭菜鸡蛋饺子鲜美极了！

## 韭菜和葱是近亲？

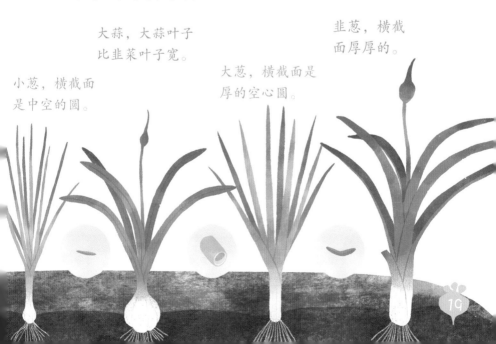

大蒜，大蒜叶子比韭菜叶子宽。

韭葱，横截面厚厚的。

小葱，横截面是中空的圆。

大葱，横截面是厚的空心圆。

## 韭黄是韭菜变的吗？

韭黄的柔嫩不是韭菜可比的。有人说，把韭菜放在昏暗的地方就会变成韭黄。如果真这样做，得到的就是一团烂韭菜了。实际上，韭黄是韭菜在隔绝光的条件下生长出来的嫩叶。韭菜的根可以储备养分，所以能暂时脱离光照，长出黄色的韭黄。

## 怎样去除韭菜味的口气？

韭菜的"化学武器"是其中的含硫化合物，韭菜平常没有气味，一旦"受伤"，这些化学物质就会像炸弹爆炸一样，释放出浓烈的韭菜味。韭菜特殊的辛香味就来源于此。韭菜好吃，但是吃过之后，残留在口腔中的气味着实让人尴尬。去除这种气味最有效的方法就是刷牙。如果没有这个条件，嚼点儿茶叶、喝点儿牛奶也是有效的。不过，以上这些办法只适用于适量进食韭菜的人。如果你吃了很多韭菜，连打出的嗝儿都是韭菜味的，那就算神仙也治不了你的口气。

韭花并不是韭菜的花，而是幼嫩的韭菜果子。把这些果子收集起来碾碎，就能做成美味的韭花酱了。

## 制作韭花酱

1.新鲜韭菜果子去梗。

2.用淡盐水泡洗。

3.充分地晾干水分。

4.用蒜白子捣碎，再加一些盐。

5.装瓶密封。

种韭黄的时候，要用这样的工具遮光。

# 竹笋（zhú sǔn）

为什么竹笋长得那么快？你知道怎么挖竹笋吗？

## 食笋（节选）

〔宋〕张耒（lěi）

荒林春足雨，

新笋迸龙雏。

邻叟勤致馈，

老人欣付厨。

竹笋的尖部最鲜嫩甜美，爽脆可口。

竹笋的中部较为鲜嫩，口感尚佳。

竹笋的根部多有粗硬的纤维，口感差。

听我讲诗词

张耒是北宋时期的文学家，也是大文豪苏轼的学生。成语"雨后春笋"就出自他写的《食笋》中的前两句。意思是说荒弃的林子里雨水充足，新鲜的春笋一下子就长出来很多。现在"雨后春笋"通常用来比喻新生事物迅速大量地涌现出来。

## 菜里有历史

苏轼说："宁可食无肉，不可居无竹。"中国古人不仅爱竹子的气节，也爱吃笋。古籍中竹萌、竹胎、竹芽、箭苗等都是笋的别称。而且，古人也很会烹笋，鲜食、腌渍、干藏都是常见的

22

做法。《诗经》中有"笋菹（zū）鱼醢（hǎi）"的说法，意思是腌制的笋和鱼肉酱。说明在 2000 多年前，我们的祖先就已经会腌制笋了。江南地区的人们会把笋子埋藏在甜糟中，吃起来也是别有风味。晋代戴凯之在《竹谱》中记载："其笋未出时，掘取以甜糟藏之，极甘脆。"连储藏竹笋的方法都有了。

## 吃竹笋为什么容易饿？

我们时常感觉吃了竹笋饿得快，这是因为竹笋提供不了太多的能量物质，而且竹笋中的膳食纤维可以促进肠胃蠕动。我们的肠胃一努力工作，大脑就会收到"肚子里没食物了，赶紧吃东西啊！"的信号。于是，我们就感到饿了。

### 妙趣小厨房

**制作油焖笋**

1. 把新鲜的春笋外皮剥掉洗净。

2. 用刀将春笋拍一下，切成小段。

3. 用油把笋段煸炒到略微透亮。

4. 加入盐、糖、酱油和适量水，炖到汤汁收干。

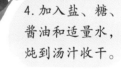

为了让竹笋快速生长，竹子在笋里储备了很多营养，所以竹笋才会鲜甜无比。竹笋炒着吃、煮着吃、晒成笋干再吃，都是棒棒的。不过要小心，竹笋一定要做熟再吃，因为新鲜的竹笋吃了会麻嘴巴。

## 不同的竹笋

### 甜笋

**甜**笋来自甜龙竹。这种竹子可以长到 20 米高，竹节可以做小桶。它的竹笋也非常大，一个就有 2.5～3 千克，不仅甜味和鲜味十足，在食用时也不需要太多处理。

### 方竹笋

**方**竹笋有明显的苦味，跟老鸭、火腿等油腻之物一起烹饪就是绝配。在山上，方竹非常好认，它的竹节上长满了尖刺。

### 毛竹笋

**毛**竹是目前我国栽种最多的竹子。它不仅可以提供竹笋，还可以用于建筑和造纸，也是制作筷子的主要原材料之一。毛竹是冬笋的重要来源，腌笃鲜这道菜少不了毛竹笋。

### 早竹笋

**早**竹笋是一种特别重要的春笋。它盛产于江浙一带，笋肉脆嫩，味道鲜甜，给人带来春天的幸福滋味。

### 麻竹笋

**这**种竹笋中含有较多的氰化物，如果直接啃，嘴巴会发麻，所以得名麻竹笋。

## 竹笋为什么长得快？

**笋**子由脆到硬的过程实在太迅速了。据说，竹子长得快时，能听见拔节的声音。竹子在飞速长大的同时，细胞中也在快速积累木质素和纤维素，就是这些东西让拔节的竹笋成了硬邦邦的竹竿。竹笋被挖出来之后，变硬的过程非但不会停止，反而会加快。因为竹笋的断面暴露在空气中后，决定木质素积累的两种酶的活性都提高了，这就加快了它变成竹竿的过程。选竹笋时，稍稍掐一下笋子末端，如果已经变硬，就不要再去招惹它了。

## 怎样挖竹笋？

**挖**竹笋是个技术活儿，注意采挖的时候要顺着竹鞭，不要破坏竹鞭，也不要挖坏笋。

锄头和砍柴刀都是常用的挖笋工具。

竹鞭是竹子的地下茎。正是依靠竹鞭，竹子才可以不断扩张自己的地盘。

# 香椿（xiāng chūn）

香椿为什么那么香？香椿芽为什么是红色的？
香椿和臭椿怎么才能分清楚？

堂上椿萱夸并茂，

壶中日月庆双辉。

听我讲对联

这 是一副对联，用于祝父母健康长寿。"椿萱"是父母的
代称。现在用"椿萱并茂"这个成语比喻父母都健在。

## 菜里有历史

香 椿是不折不扣的本土植物，对香椿的文字
记载可以追溯到春秋战国时期。当时香椿
还不叫香椿，在《尚书》里叫
"杶（chūn）"；在《左
传》中叫"櫄（chūn）"；
在《山海经》中有了个新
名字，叫"櫄（chūn）"。
可以想象，香椿早就已经深
入人们的生活了。

果实

花和花序

嫩芽

26

# 迷人的香椿味

香椿的嫩芽是红色的，这种红色有两个作用。一是给自己抹上了"防晒霜"；二是警告动物，这叶子味道可不好，别打它的主意了。可是人类偏偏喜欢香椿这种特殊的味道。

## 博物小课堂

香椿的特殊味道来自其中特殊的挥发性物质，特别是其中的石竹烯。它拥有一种柑橘、樟脑和丁香的混合香气。看来，吃香椿吃出花朵的感觉也不是奇怪的事情。除了特殊的香味，香椿还有种特殊的鲜味，不用加味精就已经是极鲜的存在了。这是因为香椿中含有不少谷氨酸，再搭配鸡蛋中的核苷酸，两者的鲜味混合就会产生"一加一大于二"的效果，所以香椿煎鸡蛋成了春天必吃的菜。

木材

丁香烯

大牻牛儿苗烯

樟脑

倍半萜类

石竹烯

萜类

金合欢烯

27

# 香椿和臭椿，你分得清吗？

香椿与臭椿的长相非常相近。它们都有一样挺直的树干、一样的羽状复叶，乍一看还真难分清楚。不过，到了开花结果的时候，臭椿的身份就完全暴露了。臭椿的果子是带翅膀的翅果，会随风飘荡到城市的每个角落。香椿的果子更像一朵美丽的花，虽然里面装着很多种子，但能长成树的种子寥寥无几。臭椿的叶子是奇数羽状复叶，但是最顶端的叶子常常脱落，看起来和香椿的偶数羽状复叶相似。

香椿叶　　　　香椿的果子　　　　　臭椿叶　　　　臭椿的果子

## 种树不只为吃芽

香椿树的树龄很长，所以有"椿龄"一说，形容人长寿。可是，古老的香椿树却不多见，这大概是因为成材之后就另作他用了。树干笔直、木质坚硬的香椿树不仅可以用来制作家具，还可以制作桨、橹等船舶用品。

## 烂香椿不要吃

特别注意，如果香椿出现了腐烂变质的情况，就要尽快丢弃。因为细菌会将其中的硝酸盐转化为亚硝酸盐，吃下去就有可能引起中毒。所以，还是不要心疼那点儿香椿芽了。

## 香椿的吃法

妙趣小厨房

每年香椿的供应时间有限，要想多吃段时间，有腌香椿和油浸香椿两种不同的做法。

### 腌香椿

1. 新鲜的香椿摘去老梗，泡洗干净。

2. 晾一下切成小段，放到盆里撒盐腌两天。

3. 把腌好的香椿捏干水分，晾晒一两天。看起来打蔫儿了就好了。

### 油浸香椿

1. 把新鲜的香椿洗干净，晾干水分后再细细切碎。

2. 锅里倒油，放几个八角，炸出香味，倒入切碎的香椿翻炒。

3. 等香椿稍微变色，关火。

4. 凉透后，将香椿、八角和油一起装瓶，再密封保存。

油浸香椿

# 水芹（shuǐ qín）

你喜欢芹菜的香味吗？西芹、香芹都是什么芹？

## 鲁颂·泮水（节选）

〔先秦〕佚名

思乐泮（pàn）水，薄采其芹

鲁侯戾止，言观其旗（qí）。

其旗茷（fá）茷，鸾声哕（huì）哕

无小无大，从公于迈。

仔细看水芹白色的小花，还很漂亮呢！

水芹

这几句诗节选自《诗经》，叙述了鲁侯前往泮水的情形。鲁侯驾到，远远看见旗帜仪仗，车驾铃声悦耳动听。无论是平民还是贵族，都跟着鲁侯的仪仗前行。开头两句的意思是鲁侯兴高采烈地赶赴泮宫水滨，采撷水芹菜以备大典之用。春秋战国时期，人们居住在天然水域附近，因为良好的灌溉是保证粮食生产的基础，那些生长在水畔的各种植物自然会受到关注。

## 菜里有历史

水芹是中国原生的芹菜，与毒芹长得很像，但毒芹是有毒的。现在市场上有专门栽培的水芹，大家可以放心地吃。旱芹、西芹等是从国外引进的。早在公元前 8 世纪末，古希腊史诗《奥德赛》中就有对芹菜这种香草的记述了。3000 多年前，古埃及法老图坦卡蒙的陵墓里也出现了芹菜的身影。据说，芹菜叶一度还被当成月桂叶的替代品，装饰在冠军的桂冠上。

水芹和毒芹的花都是伞形花序，叶子有细微的差别。

毒芹

# 旱芹

这种最常见的芹菜历史相当悠久。在公元 10 世纪的时候，"西洋旱芹"就开始在中国广泛种植了，得名旱芹。不过，习惯熟食的国人并不介意芹菜的气味。直到今天，我们栽培的这一种芹菜还有浓烈的味道，被冠以"药芹菜"之名。

旱芹

# 西芹

西芹叶柄肥厚，纤维比旱芹少，并且是实心的，每棵的重量可达 1 千克以上。西芹脆嫩多汁，不管是生拌还是清炒，都是一道好菜。不过，西芹的生长期比较长，所以身价也比两个月就能采收的旱芹要高。

西芹

# 香芹

真正的香芹叶柄是绿色的，长得像一棵大号版的芫荽（yán suī），也就是在西餐食谱中经常看到的欧芹（欧芹的叶子经常出现在摆盘装饰之中）。至于那些白色的"香芹"，实际上是旱芹或者西芹的变种，因为叶柄中的叶绿素退化，才长成了一副雪白的模样。在西南地区吃到的白色"香芹"，多半就是这些拥有白色叶柄的旱芹。

香芹

芫荽

## 根芹菜

根芹菜

根芹菜在市场上不常见，主要生长在欧洲中部和南部。它的根看起来有土豆那么大。它的根和茎被用在许多高汤的熬煮中，也可以搅打成泥、烘烤，搭配苹果和坚果制作沙拉，或制成炸肉排的替代品。

### 妙趣小厨房

## 芹菜的吃法

首先要说一点，不管是西芹还是旱芹，我们吃的主要是它们的叶柄，而水芹的主要食用部位则是茎。

芹菜有一种特殊的气味，爱者极爱，恶者极恶，倒是跟香菜的味道有几分相似。没办法，作为伞形科植物的同门，它们都含有丰富的萜烯（tiē xī）类物质，增加了几分柑橘和松香的滋味，也阻挡了一众食客。水芹兼具香味和脆嫩的口感，完全没有恼人、塞牙缝的"筋"，可以大口大口地吃，吃得酣畅淋漓。

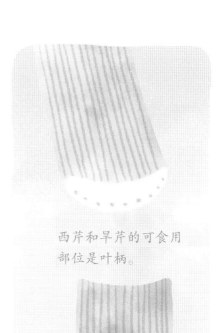

西芹和旱芹的可食用部位是叶柄。

芹菜茎的横截面，切开可见维管束，这就是我们吃芹菜时吃到的那种"筋"了。

# 慈姑（cí gu）

慈姑有怎样的"本领"？不同品种的慈姑口感相同吗？

## 发淮安

〔明〕杨士奇

岸蓼（liǎo）疏红水荇青，

茨菇（cí gu）花白小如萍。

双鬟短袖惭人见，

背立船头自采菱。

听我讲诗句

岸边淡红的蓼草，水中青青的荇草，慈姑开着白花，小小如萍。水上漂来采菱船，采菱女梳环形发髻，身穿短袖衣衫，背对着诗人坐在船头，辛勤地独自采菱。全诗就像是一幅画，展现了江南水乡的淡雅清新。

## 菜里有历史

对慈姑的最早记载出现在南北朝时期的《名医别录》中，书中将它称为"乌芋"。当时的制作方法也很特别——"三月三日采根，曝干"。这种做法怎么看都像加工药材，而不是对待一种食物。而当时被称为乌芋的还有荸荠，可能因为这两种植物的球茎上都长着小尾巴。不过，慈姑的叶如三角，荸荠的叶似禾草，也不难分辨。

## 让污水变好水

博物小课堂

作为一种水田沼泽植物，慈姑的生长环境与水稻基本上是一致的。换句话说，所有的水稻田都是慈姑安家的乐土。慈姑抢夺水稻营养的事情自然也不少，所以慈姑就成了让人挠头的杂草。当然，慈姑并不是只会给人类找麻烦。慈姑可以高效吸收湿地水中的氮、磷、钾等元素，相当于为我们净化了水体。如果说湿地是"地球之肾"，那慈姑也是这颗肾脏里面重要的"细胞"呢！

## "吃"重金属的家伙

慈姑还很喜欢"吃"各种重金属，尤其是铅和镉（gé）。它对铅和镉的吸收效率极高，能够有效清除水体和淤泥中的重金属元素，帮助修复被重金属污染的水体和土壤。但是，这个习惯也带来了一个小麻烦，那就是慈姑本身的重金属含量容易超标。所以，吃慈姑要小心。除了慈姑，挺水植物芦苇、香蒲，浮叶植物睡莲，沉水植物伊乐藻都有很好的水体净化能力。

睡莲　芦苇　香蒲　伊乐藻

苏州黄

## 阻碍蛋白质吸收的"敌人"

慈姑中的蛋白酶抑制剂会影响动物体内的蛋白酶活动，阻碍动物对蛋白质的分解和吸收，轻则导致消化不良，重则影响动物的生长发育。因此，认识到慈姑厉害的动物就不会对它有非分之想了。

## 想要好吃，选对品种

不同品种的慈姑的淀粉组成不一样，所以它们的口感也有差别。淀粉含量高的慈姑才有面糊糊的口感，而支链淀粉含量高的慈姑才有软糯的口感（糯米比较黏也是因为支链淀粉含量高）。通常来说，紫色外皮的品种（如紫金星和紫圆）的支链淀粉含量都要高于黄色外皮的品种。如果你喜欢软糯的口感，选择紫皮的慈姑准不会错。

南宁白慈

刮老乌

## 慈姑的吃法

油炸慈姑，把慈姑切成薄片，下油锅炸熟，再撒上椒盐，就成了不错的零食。

慈姑炒肉片，把春天新鲜的慈姑切成片，同肉片一起炒熟，吃起来就是满满的春日江南味道。

慈姑长着黄白色或青白色的球茎，顶端有肥大的顶芽。慈姑的球茎内富含淀粉，但是口感不如土豆软糯，还略带一点儿苦味。

## 必须做熟了才能吃的食物

还有很多豆类，如豇豆、大豆和绿豆，也含有蛋白酶抑制剂。要想对付这些"武器"并不难，这些物质通常都不耐高温，只要进行长时间的高温烹调，就可以有效降低中毒的风险。所以，要想安全享用美食，一定要把食材煮熟。

# 芋头（yù tou）

芋头中有黏糊糊的汁液，能"麻人口舌，痒人四肢"。
人类是怎么驯服它的呢？

## 南邻

〔唐〕杜甫

锦里先生乌角巾，园收芋栗未全贫。

惯看宾客儿童喜，得食阶除鸟雀驯。

秋水才深四五尺，野航恰受两三人。

白沙翠竹江村暮，相对柴门月色新。

听我讲诗词

这首诗是唐代大诗人杜甫在成都时所作。在成都，杜甫过着一生中为数不多的安定生活。离杜甫草堂不远，有位锦里先生，被杜甫称为"南邻"——朱山人，他家园子里种了些芋头和板栗，常有宾客往来。朱山人邀请杜甫做客，送他出门时，天色已晚，江边的白沙滩、翠绿的竹林渐渐被笼罩在夜色中，一轮明月刚刚升起。回去后，杜甫写了这首岁月静好的诗。

芋头是中国土生土长的植物，它圆鼓鼓的球茎中塞满了淀粉，一直都是中国南方重要的粮食之一。芋头的叶和花都能做成美食，只不过一定要煮熟，要不然会让食客的嘴唇变"香肠"。

## "芋"我所欲

芋头圆鼓鼓的球茎中塞满了淀粉，我们的祖先自然不会放过这种高淀粉、高热量的食物。虽说比不上小麦、水稻、玉米这些谷物界的"大腕儿"，但是芋头确实为不少人提供了维持生命所需的碳水化合物。《史记》中曾这样写芋头："岷（mín）山之下，野有蹲鸱（chī），至死不饥。"这里的"蹲鸱"从字面上看是蹲伏的鸱，实际上指的是像"蹲鸱"一样的大芋头。哇！芋头大得像大鸟，都可以让人至死不饥了。如此看来，芋头在古人眼里肯定是宝贝了。

## 麻舌头的"秘密武器"

不管长什么样，芋头中都有黏糊糊的汁液，能"麻人口舌，痒人四肢"。芋头让人发痒的"秘密武器"是什么呢？那就是汁液中的草酸钙针晶。芋头中的草酸钙会形成针状的晶体，正是这些晶体刺激我们的皮肤和各种黏膜，引起瘙痒甚至水肿。诸多证据显示，菠萝扎舌头，也是因为含有草酸钙针晶。

## 各种各样的芋头

### 魁芋

习惯"修建大仓库"，所以只有一个硕大的母芋头，以荔浦芋头和槟榔芋头为代表。

### 多头芋

子芋头和母芋头长得都一样，广东的九面芋和江西的狗头芋是其中的代表。

### 多子芋

喜欢"建设小仓库"，并且子芋头比母芋头好吃，代表性的品种有白荷芋、红荷芋等。

## 多彩的芋头

芋头有白芯的，有紫芯的，还有紫白相间的槟榔芯的。这些紫色都来源于花青素。如果用紫色芋头制作甜品，务必要避免用碱，否则花青素在碱性条件下会变成墨蓝色，让人大倒胃口。

吃花的
云南红芋

## 尝尝芋头花

除去危险的部位后，芋头花就成了美味的食材。将葱丝、姜丝用热油爆香，把处理好的芋头花切成段，然后和切成条状的茄子一起下锅炒，等它们都变软了，就可以盛出来，装盘上锅蒸。蒸好的芋头花软糯可口，是一道美味的下饭菜。

## 繁殖不用花

你可能会问，把花吃了，还怎么繁殖小芋头呢？这个不用担心，芋头有强大的克隆能力。也就是说，春天种下一个芋头，秋天真的能收获不少芋头。这样的繁殖方式倒是跟土豆有几分相似。

# 山药（shān yao）

山药豆是山药的果实吗？摸了山药，为什么会感觉刺痒？

## 过野叟居

〔唐〕马戴

野人闲种树，树老野人前。居止白云内，渔樵沧海边。

呼儿采山药，放犊饮溪泉。自著养生论，无烦忧暮年。

**听我讲诗词**

晚唐诗人马戴在诗中给我们描绘了一种非常闲适的生活。林中居住的老人，门前种着大树。他居住在幽静的山间，在海边捕鱼。呼唤孩儿去采山药，牵着小牛到溪边饮水。老人很会养生，因此也不会为晚年担忧。

山药是一种黏糊糊的蔬菜，削开皮，就会有黏糊糊的像胶水一样的汁液流出来。要小心，这些汁液要是沾到手上，我们的手就会发痒。不过不用担心，山药煮熟之后就会变成安全的美食，不会让我们舌头也发痒。

**山**药是中国最古老的食物之一。对山药的记载最早出现在《山海经》中，当时山药的名字还是"藷藇（shǔ yù）"。到了南北朝时期，我们的祖先就开始种植山药了。在之后的日子里，山药家族不断壮大，有圆棒状的棒山药，还有长棍模样的长山药。

**在**古代，山药被视为重要的杂粮，吃了山药可以填饱肚子。在《救荒本草》中有这样的描述："救饥，掘取根，蒸食甚美。"看来，作者朱橚（sù）也是一个喜欢吃山药的人。

**世**界上并不是只有我们中国人吃山药。在遥远的非洲也有一种山药，它的名字叫非洲薯蓣（yù），是目前世界上栽培面积最大的山药品种。非洲薯蓣的原产地在非洲，目前的主产地也是在非洲，只是随着各种贸易，逐渐扩张到了美洲等地。

## 山药家族

**山**药家族家大业大。在各地栽培过程中，产生了不同形态的变种，包括棒山药和长山药。棒山药主要分布在浙江和台湾，它们的块根呈比较粗壮的圆棒状或团块状。长山药的外表我们很熟悉——棕色的外皮，包裹着笔直的块根，能够深入地下 1 米之多。除了山药，它的兄弟物种——参薯也是人们喜爱的食物，有些参薯的块茎长得像手掌，被称为"佛掌薯"。但是在产地，大家更喜欢叫它脚板薯（还是这个名字通俗）。

佛掌薯

棒山药

长山药

切开的山药

## 山药豆不是豆

在每年秋冬季节，山药刚刚上市的时候，卖山药的摊上会出现一种圆溜溜的被叫作"山药豆"的东西。它既不是山药的果实，也不是没长大的块根，而是山药的珠芽，就长在山药藤上，没有泥土覆盖。这些珠芽是另类的种子，成熟落地，就可以萌发长出一棵棵完整的山药植株，就像孙悟空用毫毛变成的猴兵。

山药藤

山药豆

种植山药和种豆角一样要搭起架子。

为了保证山药不断，挖山药的时候要"挖地三尺"，然后把山药小心翼翼地取出来。

薯蓣皂苷

# 摸了山药，为什么会刺痒？

**在**接触生山药后，皮肤会感觉刺痒，不管如何清洗都刺痒难耐。这是因为山药的黏液中含有一些特殊的蛋白质和薯蓣皂苷。它们会引起过敏，轻则痒痛，重则破坏皮肤。山药的根茎是储存营养物质的仓库，这么重要的部位，它自然要做好防御，要不然都进动物的肚子了。不过我们聪明的祖先很早就发现了对付山药的方法，即长时间加热。在这个过程中，怕热的蛋白质和薯蓣皂苷会被分解。所以，吃山药一定要吃煮熟的。

**黄**独与山药很容易区分。山药的叶子很独特，在叶子基部有两个鼓出的半圆形，先端则是一个箭头。而黄独的叶子是标准的心形，然而这个心形的叶子可没有"爱心"，黄独中的黄独素会让人中毒，严重的还会导致死亡。

黄独

薯莨

**薯**莨（liáng）大块头的块根看起来像芋头。薯莨内含大量单宁，多用作皮革、渔网、绳索、布料的染料。单宁再加上其中的一些生物碱，让薯莨完全吃不得。薯莨和山药在叶子上也有差别，虽然两者的长度接近，但是薯莨的叶片基部没有向外的突出。同时，薯莨有强烈的苦涩味，碰到这样的"山药"，尽量别吃就对了。

# 芡实 （qiàn shí）

芡实为什么叫鸡头米？它和睡莲其实是一家？

## 六月二十七日望湖楼醉书五首·其三

〔宋〕苏轼

乌菱白芡不论钱，乱系青菰（gū）裹绿盘。

忽忆尝新会灵观，滞留江海得加餐。

### 水雉

这种鸟经常在芡实的叶子上活动，甚至会在叶子上筑巢、孵蛋、养育宝宝。

**听我讲诗词**

这是苏轼在杭州任通判时的作品之一。在六月二十七日这天，他游览西湖，再到望湖楼上喝酒，写下了五首绝句，这是其中的一首。黑色的菱角，白色的芡实，在这里很常见。青色的茭白叶子凌乱，它的籽就像被裹进绿盘。诗人突然想起来上次在京城一个道观里尝鲜，现在滞留在乡野之中，觉得更应该加餐保重身体。诗人以野生植物自比，表明自己外放杭州、远离朝廷的境遇。

46

中国人非常会利用自然资源，特别是在吃这件事上。即便是藏身水中的果子，我们的祖先也会发现它的价值。大约 1500 年前，《齐民要术》中就记载了芡实被驯化的历史。这大概是因为在中国历史上，人们能吃饱饭的时间非常短暂。王朝的更迭和气候的变迁，让大众不得不去寻找各种看似匪夷所思但可以保命的食材。

## 淀粉球也弹牙

要想获得好吃的芡实并不容易，首先要把那些圆溜溜的种子从果子里面剥出来。在黏腻腻的果皮之中剥取种子，那种感觉还真像寻宝。找到宝物之后还不算完，每一粒小种子身上还有一层厚厚的外壳。完整的芡实种子能带来软糯弹牙的口感。芡实之所以有这种口感，还是跟它的成分有关。芡实的主要成分就是淀粉和蛋白质，两者含量的比例与麦粒和稻谷中的比例有几分相似。其中的淀粉是粉糯质地的来源，蛋白质则提供了弹性的口感。

# 勾芡的科学

芡实的种子中含有大量的淀粉，可以用来制作烹饪所需要的淀粉，也就是我们常说的用来勾芡的芡粉。这种烹调方法就是让淀粉在高温下变成黏糊糊的芡汁，让不同调料的味道融合在一起。当然，现在厨房里勾芡使用更多的是马铃薯粉、玉米淀粉、绿豆淀粉等。

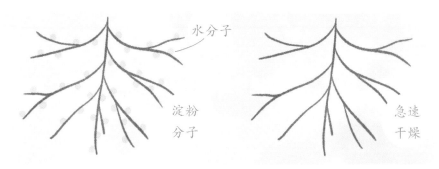

水分子

淀粉分子

急速干燥

芡实又被叫作"鸡头米"，这跟它的果子有关。成熟的鸡头米果子长成了一个鸡头的模样，大大的身子像鸡脑袋，尖尖上的花萼像鸡嘴巴。

## 南芡和北芡

芡实分为南芡和北芡，它们的主要区别在于花朵和果实的形状。北芡的果实是一个个"凶神恶煞"的刺儿头，浑身都是硬刺，让人很难亲近。而南芡的果子就要"温和"很多，圆乎乎的大脑袋就像幼童玩的小皮球，只不过这些小皮球不是空心的，而是装满了种子。

## 睡莲家的成员

如果不细看芡实的植株，很容易把它误认为迷你版的睡莲——漂在水上的圆叶子，略略高出水面的蓝紫色花朵，怎么看都是睡莲。芡实确实是睡莲科的成员，只不过它自成一属。芡实的生命力顽强，分布在大江南北，从河北到广东的湖沼之中都有它的身影。

**妙趣小厨房**

## 好吃的鸡头米

在北方，人们吃新鲜鸡头米的机会很少，但是干的鸡头米煮起来实在太麻烦。怎么办？可以一次多泡一些鸡头米，浸泡一夜之后用高压锅煮 20 分钟左右。软熟的鸡头米，就可以用来煮糖水、配八宝粥了。把吃不完的鸡头米控干水分，装进保鲜容器，放到冰箱冷冻室里。想吃的时候，无须解冻，拿出来就煮，一样好吃。

### 1. 剥芡实

第一道程序是把芡实从果实中剥离出来。北芡表面有刺，所以人们要先用杠子把里边的芡实一粒粒压出来；南芡的果实表皮光滑，直接用手剥就行了。

### 2. 去皮

把这些剥出来的芡实洗干净，用一种像鹰嘴一样的特殊金属工具剥去芡实的皮，可以食用的部分才真正露出来。

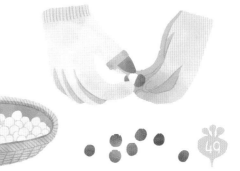

# 菱角（líng jiǎo）

菱角到底有几个角？菱角是坚果吗？

听我讲诗词

## 斜径

〔宋〕王安石

斜径偶穿南埭（dài）路，

数家遥对北山岑。

草头蛱蝶黄花晚，

菱角蜻蜓翠蔓深。

这首诗是王安石寓居南京半山园时所作，写半山园附近的景色。前两句写曲折不平的小路，面山而居的农家，一幅山野景色，仿佛水墨画的留白一般。后两句将镜头拉近，写蝴蝶在野花丛中飞舞、蜻蜓在翠绿幽深的菱角田间穿梭飞行的景象。可见诗人心境淡泊，兴致盎然。

## 同一棵植物可以长出不同的叶子吗？

菱是典型的水生植物。它有两种类型的叶片，沉水叶像丝线，可以吸收水中的二氧化碳和其他养分；浮水叶就是菱形或者椭圆形的叶片，可以吸收阳光进行光合作用。二型叶在植物界广泛存在，比如我们身边常见的圆柏就有两种类型的叶片——刺状叶和

浮水叶

菱角

沉水叶

鳞状叶。植株高处的叶子都是鳞状叶，可以减少水分蒸腾；而靠近地面的地方都是刺状叶，可以避免动物的骚扰。

**中**国人从春秋时期就开始种植菱。苏州有一个湖叫菱湖，据说吴王曾经派专人在这个湖里面种菱，因此得名。

**菱**角的长相千奇百怪，有的像牛头，有的像荷包。不过，它们有一点是相同的，都有长长的角。煮熟的菱角吃起来糯糯甜甜，像板栗。有的人喜欢把吃干净的菱角壳套在手指上，假装怪兽的爪子。

## 样子多变的菱角

**菱**的果实样子多变，果皮的颜色有红有青。根据果实长角的数量，菱可以分为四角菱、两角菱和无角菱。出现在民歌《采红菱》当中的菱就是一种四角水红菱。

## 菱角是坚果吗？

生活中经常会碰到"坚果"这个词，你可能首先想到的是花生、巴旦木等。但是，植物学家说的坚果与零食商人说的坚果并不是一回事。植物学家说的坚果是指果皮坚硬，并且在果实成熟时果皮不开裂的果实。其实，菱角是一种不开裂的蒴（shuò）果，并不是坚果。而零食商人说的坚果是那些有坚硬外壳和油性果仁的果实或者种子。松子是裸子植物的种子，并不是果实；而生产杏仁的杏有肉乎乎的果皮，它就是核果。当然，这两种说法也有统一的时候。比如榛子和板栗，它们既是植物学家说的坚果，也是零食摊上的坚果。

菱的花朵很小，开花的时候，花朵会伸出水面。等到花朵成功授粉，它就会沉入水中，果子就在水面下生长了。这点倒是像极了睡莲和芡实。

## 水八仙

在河网纵横的江南水乡，水生植物是重要的食物来源。茭白、莲藕、水芹、芡实（鸡头米）、慈姑、荸荠、莼菜、菱八种水生植物，要么有鲜嫩的茎叶，要么有厚实的根茎，要么有营养丰富的果实，这让它们成了江南人餐桌上不可或缺的美味佳肴。这八种植物被并称为"水八仙"。

采菱角的场景

# 荸荠(bí qi)

荸荠这个名字就够奇怪的了,它竟然还有一个名字叫马蹄?

## 野饮(节选)

〔宋〕陆游

溪桥有孤店,

村酒亦可酌。

凫茈(cí)小甑(zèng)炊,

丹柿青篾(miè)络。

听我讲诗词

诗人陆游踏着春雨出行,在溪桥这个地方遇到一家酒店,店里售卖的酒喝起来味道尚可。诗里的"凫茈"就是我们今天叫荸荠的植物。

荸荠还有一个名字叫马蹄。这种长得像果子的东西其实并不是果子,而是块茎。它也不是长在空中,而是藏在淤泥里。

荸荠的
花序

荸荠是原产于中国南方的一种植物。很久之前，我们的祖先就会采集这种植物的块茎来吃。荸荠有很多名字，在《尔雅》中，它的名字是芍；在《齐民要术》中，它的名字是凫茈。荸荠和慈姑经常混生在水田里，古人也经常把这两种植物搞混了，所以一些古书里面也叫它"茨菰"。到了宋代，荸荠有了新名字——荸脐，这大概是因为荸荠根与块茎连接的样子，就如同脐带与肚脐连接的样子。到了明代，科学家徐光启在《农政全书》中称它为"荸荠"。

## 荸荠和慈姑是"亲戚"吗？

荸荠的可食用部位是块茎，它的长相与慈姑非常相似，但是两者的亲缘关系相去甚远。之所以"撞脸"，是因为它们都生活在浅水沼泽之中。相同的生活环境让不同的植物有了类似的长相，这种现象叫趋同演化。

你知道荸荠长在哪里吗？

有一个典型的例子，生活在大海里的鲨鱼和海豚模样相似。虽然一个是鱼，一个是哺乳动物，但是都在大海里畅游捕猎，所以它们模样相似也就不奇怪了。

## 小心寄生虫

荸荠本身虽然没有毒性，可以生吃，但是外皮可能会沾染病菌和寄生虫，特别是一种叫姜片虫的寄生虫。所以生吃荸荠不如做熟吃来得安全。如果因为特殊情况要生吃，一定要把荸荠的芽眼和外皮彻底清除，否则容易导致姜片虫的虫卵进入人体的肠道内并寄生。

## 块茎和块根的区别

块茎和块根的区别在于，块茎上有固定的芽存在。土豆的芽总是会从那些固定的芽眼儿里冒出来，但是红薯就不一样了，红薯的块根也可以发芽，不过出芽的位置就毫无章法。所以，土豆是块茎，而红薯是块根。芜菁既不是块根，也不是块茎，而是贮藏直根。

块茎：土豆、芋头、山药。
块根：红薯、胡萝卜。

芜菁

土豆

# 制作鲜香甜甜的马蹄糕

荸荠制成的"马蹄粉"是广东著名小吃马蹄糕的主要原料。

1. 马蹄粉加水搅拌至没有粉粒，制成生粉浆。

2. 马蹄肉切粒，放入生粉浆中，拌匀。

3. 砂糖炒至金黄色加水，煮至砂糖溶化，制成糖水。

4. 把热糖水加入生粉浆中，搅拌均匀，制成马蹄粉浆。

5. 在蒸的容器底部刷一层油，防止粘底。

6. 把马蹄浆倒入容器中，抹平。

7. 猛火蒸约40分钟，放凉后切成块。

# 葫芦 (hú lu)

一株葫芦能结果吗？为什么葫芦在中国非常受欢迎？

照葫芦画瓢

听我讲成语

这个成语出自宋朝魏泰创作的文言逸事小说《东轩笔录》的第一卷。宋朝初年，翰林学士陶谷自以为文笔高超、才能出众，想好好表现一下以求升职，于是劝宋太祖赵匡胤重视文字工作。宋太祖却认为他的工作只是抄写而已，说是依样画葫芦。现在这个成语比喻照样子模仿。

## 菜里有历史

在人类会自己制作瓶瓶罐罐之前，葫芦是好用的天然容器。它可以装酒、装油、装豆子……葫芦在中国的栽培历史相当悠久，早在 2000 多年前，人工栽培的葫芦就已经是房前屋后的常客了。不过，虽然中国有数千年的葫芦栽培和使用历史，但华夏大地上并没有野生葫芦分布。中国的葫芦究竟从何而来，也成了个不大不小的谜题。

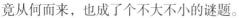

# 一株葫芦不结果？

葫芦小时候是长在藤蔓上的，如果你在阳台上种了一株葫芦，那是万万不会有小葫芦的。葫芦藤子上有两种花，一种是只会提供花粉的雄花，还有一种是提供胚珠结果子的雌花。这是为了避免近亲繁殖。就像人类的近亲繁殖会带来遗传病、体质孱（chán）弱等问题一样，植物也害怕近亲繁殖。葫芦的聪明之处就在于，同一株葫芦藤上的雌花和雄花不会在同一时间开放。所以，葫芦妈妈想要孕育种子，那花粉必须是从另外一株葫芦藤上的花来的。

## 博物小课堂

### 葫芦的胎座

### 西瓜的胎座

胎座是植物的胎盘，位于果实内生产种子的地方，这很容易让人联想到母亲孕育婴儿的胎盘。

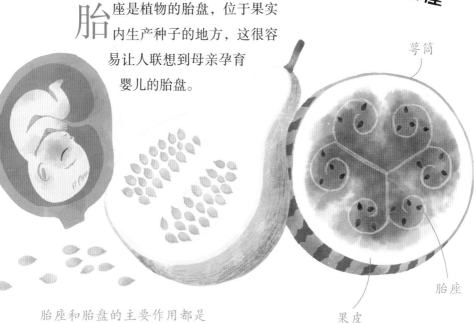

萼筒

胎座

果皮

胎座和胎盘的主要作用都是为幼小的生命提供营养。

我们中国人的祖先，把葫芦改造成了肉厚好吃味道鲜的蔬菜——瓠（hù）子。实际上，不管是做瓢用的葫芦，还是做菜用的瓠瓜，都是葫芦的变种。按照形态和生长习性，中国的葫芦可以分为瓠子、长颈葫芦、大葫芦、细腰葫芦和观赏葫芦。在中国，瓠子的食用历史非常悠久，甚至可以追溯到新石器时代。《诗经》中记载："七月食瓜，八月断壶，九月叔苴（jū）。"这里的"壶"就是瓠的意思。不过要注意，那些带苦味的瓠子并不友好，吃了会中毒。

### 妙趣小厨房

## 瓠瓜的做法

瓠瓜的做法很简单。第一种，把瓠瓜削皮切片，用葱花炒一炒，就可以带出其中的鲜味；第二种，瓠瓜削皮切片后与腌菜一起烧汤，那种鲜味妙不可言；第三种做法比较讲究，把瓠瓜切片，在两片瓠瓜中间放一片金华火腿，装盘之后再撒上少许姜丝，上锅一蒸，就成了下饭的佳肴。

# 各种各样的葫芦

在中国古代，葫芦是特别被看重的植物，因为葫芦的谐音是"福禄"，有很好的寓意。所以，中国人不仅喜欢种植葫芦，还会把葫芦纹饰用在各种器物上。日常生活中，我们常看到不同形态的葫芦，它们大致有以下几种。

细腰葫芦
（传统意义上的葫芦，果实分两段）

长颈葫芦
（果柄处细长）

大葫芦
（扁圆形）

瓠瓜
（圆柱形）

# 葵（kuí）

葵曾经是"百菜之王"，餐桌上的常客。
你吃过葵吗？你了解它的味道吗？

## 长歌行

汉乐府

青青园中葵，朝露待日晞。
阳春布德泽，万物生光辉。
常恐秋节至，焜黄华叶衰。
百川东到海，何时复西归？
少壮不努力，老大徒伤悲！

**听我讲诗词**

这首诗是劝人惜时奋进的名篇。诗一开始写道：园中青青的葵菜，在朝阳的照耀下，闪烁着光芒。接下来的两句拓展到万物，在春日的光辉中，一切都欣欣向荣。但是，转眼间秋天就要到来，叶子也会枯黄。时光就像那东去的流水，永不复返，什么时候见过它向西流呢？我们要趁年轻的时候努力向上，而不是等到垂暮之时，再慨叹虚度了光阴！

# 土生土长的葵

在唐朝之前，葵被称为"百菜之王"。不管是秦始皇还是武则天，菜盘子里面都少不了葵。中国人种葵、吃葵的历史可以追溯到周朝。《诗经》中提到"七月亨葵及菽（shū）"，"菽"就是我们今天说的大豆，把葵和大豆并列在一起，葵的重要性可见一斑。后来，"百菜之王"的头衔被大白菜抢了过去。注意了，这里的"葵"可不是向日葵。比起大白菜，葵的叶子有点儿硬，有点儿粗，还有点儿毛毛的，被大白菜取代也情有可原。

## 黏糊糊的不是鼻涕

葵的叶子有些粗糙，尝起来有一种拉（lá）舌头的感觉，并且这东西黏糊糊、滑溜溜的，有点儿像鼻涕。但是，葵的黏液可不是鼻涕。鼻涕黏是因为含有蛋白质，而葵黏糊糊的汁液的成分主要是多糖。葵里的多糖不能被我们的肠胃消化和吸收，但是有它自己独特的功能。

## 有用的多糖

一方面，多糖可以促进肠胃蠕动，保证消化系统正常工作；另一方面，多糖也可以成为肠道内有益细菌的食物，阻止有害细菌入侵。有机会的话，不妨去尝尝这种古老又健康的蔬菜吧！

## 葵菜煮粥

1.葵菜洗净切段，粳米淘洗干净。

2.锅烧热放油，油热下葱花煸香，放入葵菜煸炒，加入精盐炒至入味，出锅待用。

3.锅内加适量水，放入米煮成粥，倒入炒好的葵菜煮一会儿，即可出锅。

洛神花

经常用来泡水喝的玫瑰茄。

木槿

小区里常见的园艺植物，朝开暮落。

葵虽然不常见，但是生活中处处可见葵的"亲戚"。

蜀葵

别名"鸡冠花"。

# 芜菁（wú jīng）

你吃过长得像萝卜、吃起来像土豆一样的白菜吗？
芜菁和白菜有什么区别呢？

## 望江南·暮春

〔宋〕苏轼

春已老，春服几时成。曲水浪低蕉叶稳，

舞雩（yú）风软纻（zhù）罗轻。酣咏乐升平。

微雨过，何处不催耕。百舌无言桃李尽，

柘（zhè）林深处鹁鸪（bó gū）鸣。春色属芜菁。

听我讲诗词

这首词是苏轼从杭州到密州就任，修葺城北旧台后登台所作。作为密州的地方长官，苏轼政绩斐然，因而心情也很好。词的上阕写了晚春的小溪、和缓的春风；下阕写了一场春雨后处处催耕的气象。百舌鸟也不叫了，桃花和李花都凋谢了，只剩灌木丛深处水鹁鸪的叫声。一片春色，全部集中在根硕叶肥的芜菁上。

66

芜菁

土豆

甜菜

芜菁

球茎甘蓝

豆薯

## 萝卜味的"土豆"

芜菁也叫蔓菁，是一种奇怪的蔬菜，长得也是一副萝卜的样子。可是煮熟之后的芜菁吃到嘴里，却是土豆的口感。如果你遇到一种萝卜味的"土豆"，那很可能就是芜菁了。

## 萝卜白菜，各有所爱

中国有句老话叫"萝卜白菜，各有所爱"，说的就是不同的人喜好各不相同。毕竟白菜清淡，萝卜辛辣，一个适于炖煮，一个适于爆炒，这确实不存在什么可比性。其实大家搞错了一件事情，那就是把形似萝卜的芜菁错认为萝卜。芜菁这个"假萝卜"没有辣味，倒是透着几分鲜甜。到了开花的时节，那区别就更明显了，芜菁开黄花，萝卜开白花，两者的种类当下立判。

## 妙趣小厨房

# 又是饭又是菜

芜菁是一种厚实的蔬菜，除去所有水分之后，剩下的干物质在总重量的 9.5% 以上，远远高于萝卜中干物质的含量（6.6%）。所以，在兵荒马乱的年代，芜菁经常被当成救荒的主食。公元 154 年，在遭遇蝗灾、水患之后，汉桓帝就曾经号召全国人民种植芜菁，来弥补粮食的空缺。据说，在连年征战的三国时期，诸葛亮也曾经号召蜀地的农夫广泛种植芜菁，以充实食物供应。

## 芜菁有营养

当然，芜菁所含的其他营养物质也不少。每 100 克新鲜芜菁中的维生素 C 的含量在 30 毫克以上，这说明它已经是相当合格的维生素 C 提供者了。每天吃上 300 克芜菁，就可以满足常人每天对维生素 C 的需求了。

**叶**

和白菜主要吃叶片不同，芜菁的叶片、根均可食用。

**贮藏直根**

它用来储藏营养，在来年春天开花结果时就能派上用场。

**根**

它仍然有吸收水分和营养的作用。

# 芜菁是大白菜的祖先

**芜**菁是大白菜的祖先。在最初的栽培过程中，它的特性并不稳定，有时长成大白菜的模样，叶片发达；有时长成芜菁的模样，贮藏直根发达。《本草纲目》中记载："菘菜不生北土。有人将子北种；初一年，半为芜菁，二年，菘种都绝。将芜菁子南种，亦二年都变。"这里的"菘菜"指的是大白菜。这几句是说，大白菜种在北方会变成芜菁，芜菁种在南方会变成大白菜。

**这**种观点曾经被明代学者徐光启质疑。他在自家小菜园里做了实验，发现芜菁就是芜菁，菘就是菘，根本不会变化。那么，谁是对的呢？其实两个说法都对。唐朝时，菘的选育仍然在进行中，栽种到不同的地方，会被当地气候筛选。徐光启也没有错，只是他栽种的种子已经经过了几百年的筛选，这个时候不管是芜菁还是大白菜，农艺性状都已经相当稳定了。

芜菁就是芜菁，菘就是菘，怎么可能会变呢？

徐光启

# 芥菜（jiè cài）

芥菜刺鼻的气味从哪儿来？各种芥菜都长什么样子？

## 礼记·内则

脍，春用葱，秋用芥。

### 听我讲文言

这句话里的"脍"指生肉、生鱼之类的食物。按照《礼记》中的记载，吃生肉的时候，春天要配葱，秋天要用芥。可见，古人对待吃也是非常讲究的。

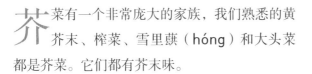

根：有些种类的根很肥大。

茎：缩得很短，几乎看不到。

芥菜有一个非常庞大的家族，我们熟悉的黄芥末、榨菜、雪里蕻（hóng）和大头菜都是芥菜。它们都有芥末味。

不同芥菜的茎、叶和根的差别很大，很难让人相信它们是一家。

叶：通常很宽。

不管是东方还是西方，都有悠久的食用黄芥末的历史。在《礼记》中就有"芥酱鱼脍"的描述。这时候我们的祖先就会用黄芥末搭配生鱼片吃。在同一时期的古罗马，人们通过"芥末葡萄汁"来认识这种植物，那是多么奇异的味道啊！他们还会把芥菜籽与黑胡椒、茴香、莳萝等香料混合在一起，做成烤野猪的酱汁。

妙趣小厨房

## 芥菜——从蔬菜到调味料

我们吃的芥末墩儿上的黄芥末其实是芥菜种子磨制而成的酱料。芥菜有着悠久的种植历史。在春秋时期，生活在华夏大地上的人们就开始收集芥菜种子制作芥末了。

## 不是芥末的芥末

山葵的大名叫山萮（yú）菜，它的真身就像棵大莴笋，可食用部位是它的茎。山葵是搭配寿司的传统调料，这种调料都是现磨现用，因为在磨制 15 分钟后，山葵的特殊风味就消散了。

山葵

辣根虽然也叫马萝卜或西洋山萮菜，但是跟山萮菜没什么直接的亲属关系，它是十字花科辣根属的植物。与芥菜种子、山葵根茎不同，辣根的主要食用部分是它的根。辣根磨制成酱料之后是淡黄色的，并不是市面上出售的那种绿色，那是人工添加色素的结果。

辣根

异硫氰酸

芥子油苷

72

你能想象它们都
是一家吗？

# 刺鼻的气味从哪儿来？

除了苦味，芥菜家族还有一个防御的大招——刺鼻的气味。不管是苦菜、榨菜，还是大头菜，都有一种特殊的刺激气味，更不用说芥末了。这种特殊气味其实是为了对抗害虫。毕竟，没有多少虫子愿意顶着刺激性气味"作案"。当然，也有一些生物不在意这种威胁，甚至喜欢上了这种刺激性气味，人类就是其中一种。

宽柄芥

茎瘤芥
（榨菜）

大叶芥

大头芥

卷心芥

有趣的是，如果我们不切碎这些植物，它们都是温和、没有刺激性气味的。因为这些"化学武器"平常都是以芥子油苷的形式存在，只有当植物受到啃咬攻击时，芥子油苷才会在相应的酶的作用下分解，释放出异硫氰酸，变身为刺鼻的物质。植物的智慧可见一斑。

# 荠菜（jì cài）

为什么荠菜这么好吃却还是野菜？你能认出荠菜吗？
荠菜怎么变成小鼓？

听我讲诗句

## 食荠·其一

〔宋〕陆游

日日思归饱蕨薇，

春来荠美忽忘归。

传夸真欲嫌荼（tú）苦，

自笑何时得瓠肥？

大约在 3000 年前，我们的祖先就已经开始琢磨着吃这些春天的野菜了。在《诗经·邶（bèi）风·谷风》中就有"谁谓荼苦？其甘如荠"的记载，而在《楚辞》中也有"故荼荠不同亩兮"的诗句。南宋的大诗人陆游，更是荠菜的头号"粉丝"，他写了很多首和荠菜有关的诗。这首《食荠》是说诗人在四川吃到了美味的春荠，就不再想回家乡绍兴去吃蕨和薇了。

## 菜里有历史

# 荠菜为什么是野菜？

汉朝的时候，人们曾尝试将荠菜驯化为家常菜。但是荠菜的种子太小了，每 1000 粒荠菜种子的重量只有 0.09～0.12 克，大约是一粒大米的重量。

说荠菜的种子细如沙尘，一点儿都不为过。种子小会带来两个问题：一是难收集，二是苗儿瘦弱。要想把荠菜养好可不容易。不说别的，除杂草都只能徒手拔，工作量直接翻倍。此外，新采收的荠菜种子一般处于休眠期，要叫醒它，必须经过一个低温过程。古代没有冰箱，显然无法完成这个任务。

## 妙趣小厨房

# 荠菜的香气

荠菜有一种结合了甜香和新鲜叶子香的特殊香气，就好像新鲜的菠菜混合了麦芽糖浆。这种香气主要来自其中的叶醇。这种物质带有一种特殊的天然绿叶清香，在茶、刺槐、萝卜、草莓、圆柚等植物中都有。叶醇经常被添加到草莓、浆果、甜瓜中，是香料行业的明星。遗憾的是，荠菜的气味没有如此单纯。作为十字花科的成员，荠菜还带有特殊的硫化物的味道。尽管这种味道比芥菜、萝卜要淡许多，但足以打破叶醇营造的美好氛围了。

叶醇

咔嗒
咔嗒
咔嗒

## 荠菜变小鼓

荠菜不仅能吃，还可以玩。把荠菜的种荚轻轻向下拉，然后用两只手前后搓动，它就会像拨浪鼓一样，发出好玩的声音。

**博物小课堂**

## 四种菜的区别

### 荠菜

荠菜的叶子是趴在地上生长的，叶片是大头羽裂状。所谓大头羽裂，就是在羽裂状的叶片尖端有个大的裂口。然而，在实际分辨过程中仍然需要经验，千万不要把荠菜与其他几种植物搞混了。

> 先簇拥在一起又慢慢拉伸开来的总状花序，四片花瓣"十"字交叉的小花，四长两短的四强雄蕊。

### 泥胡菜

泥胡菜的茎叶不如荠菜那么鲜嫩，时常还带一些土腥味。通常来说，它的叶子要比荠菜丰满许多，在地面上铺成一个规整的圆形，不像荠菜那样呈现出好像被咬过的形状。

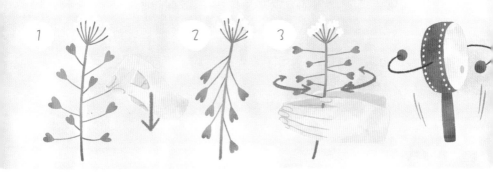

## 抱茎
## 苦荬（mǎi）菜

抱茎苦荬菜的叶片中有白色的乳汁，而二月兰的花朵和叶片要比荠菜宽大许多。只要稍加注意，这些植物就不会混入装荠菜的篮子里面。

## 独行菜

最容易和荠菜混淆的是独行菜。在幼苗期，它们的差别很小。独行菜的叶片比较纤细，并且叶片的裂片排列得很整齐，上宽下窄，顶端的裂片又变细，像一个多叉的兵器；而荠菜呢，裂片就不是很规则，要么分裂得跟鱼刺一样，要么只是轻微裂开。特别的是，荠菜叶片顶端的裂片圆乎乎的，这个跟独行菜的"兵器叉"叶子区别很大。

# 芥蓝（jiè lán）

芥蓝、卷心菜和花椰菜居然是一家？可它们怎么长得完全不一样呢？

## 雨后行菜圃（节选）

〔宋〕苏轼

小摘饭山僧，

清安寄真赏。

芥蓝如菌蕈（xùn），

脆美牙颊响。

**在**大美食家苏轼的眼中，芥蓝就像蘑菇一样鲜美，吃起来口感也十分爽脆，嚼起来吱吱作响。

**菜里有历史**

**你**能想到吗，芥蓝、卷心菜和花椰菜竟然是一家，只是它们的长相完全不一样。虽然祖先在遥远的地中海，但是芥蓝却是在中国培育而成的蔬菜。

博物小课堂

# 芥蓝和菜心

芥蓝和菜心长得非常像,但是仔细看还是有一些明显的差别。比如芥蓝的颜色偏深绿色,而菜心的颜色更加翠绿一些。还有,如果开了花,它们的差别就非常大了。

芥蓝

菜心

芥蓝是中国人培育出来的特殊的甘蓝。在公元 8 世纪,中国南方的广州就已经有人开始栽培芥蓝了。虽然和卷心菜是同一个物种,但是芥蓝的长相却和卷心菜截然不同。这就是人工选择的结果。英国生物学家达尔文在他的著作《物种起源》中详细解释了人工选择对家鸽外形的作用,在甘蓝身上也发生了类似的事情。世界上不同区域的人喜欢吃甘蓝的不同部位,于是有了吃花的花椰菜、吃叶子的卷心菜和吃花薹(tái)的芥蓝。

# 白灼芥蓝

1. 把芥蓝洗净、大蒜切成末，备用。

2. 煮一锅清水，烧开后放入芥蓝烫煮。

4. 在芥蓝中央均匀地撒上蒜末。

3. 捞出摆盘。

5. 架锅烧油，一勺一勺地将热油淋在蒜末上。

## 吃叶子的卷心菜

**最**原始的甘蓝叶片通常是散开的，就像我们常见的小白菜那样。只是因为基因的变异，才出现了包心的现象。

## 紫甘蓝

**富**含花青素的紫甘蓝的出现，大大丰富了沙拉原料的选择。只是花青素带有特殊的涩味，加热后容易变色，烹调的时候可以适当加一点儿白糖。

卷心菜

紫甘蓝

## 吃花的西蓝花和花椰菜

西蓝花和花椰菜的主要食用部位是膨大的花序轴。不过，花椰菜幼嫩的花蕾更特别，它比西蓝花的花蕾更多且更密，颜色也是雪白的。

## 宝塔菜花

每一个小花序呈宝塔形状。这种类型的花菜是在意大利培育出来的，所以又有"罗马花菜"之称。

## 吃芽的抱子甘蓝

抱子甘蓝像是一棵缩小版的番木瓜树。不过这个"小树"上结的不是果实，而是一些被我们称为"叶芽"的结构，这些叶芽就像一个个缩小版的卷心菜。

## 羽衣甘蓝

路边的花坛中经常会看到一些像牡丹花一样的植物，或红或黄的"花瓣"层层叠叠展现，那就是羽衣甘蓝。其实那些"花瓣"是羽衣甘蓝的叶片，因为叶片有褶皱，加上各种花色素，让它看起来比花朵还漂亮。羽衣甘蓝也会开花，它的小花朵与油菜花很像。

# ❋ 玉米实验室

作　　者：　史军，中科院植物学博士，"玉米实验室"科普工作室创始人，科普图书策划人。中国植物学会科普工作委员会成员，中国科普作家协会会员。

绘　　者：　傅迟琼，插画师，毕业于纽约时装学院插画专业。

科学审订：　顾垒，首都师范大学副教授，植物学博士。

主　　编：　史军

执行主编：　朱新娜

内文版式：　于芳

小读客

# 小读客经典童书馆

童年阅读经典  一生受益无穷

古诗词里的自然常识

# 梨子吃起来
# 为什么沙沙响？

史军 著

傅迟琼 绘

江苏凤凰文艺出版社
JIANGSU PHOENIX LITERATURE AND
ART PUBLISHING

图书在版编目（CIP）数据

梨子吃起来为什么沙沙响？ / 史军著；傅迟琼绘
. -- 南京：江苏凤凰文艺出版社，2022.9（2023.2 重印）
（古诗词里的自然常识）
ISBN 978-7-5594-6578-8

Ⅰ.①梨… Ⅱ.①史…②傅… Ⅲ.①自然科学 - 儿
童读物 Ⅳ.① N49

中国版本图书馆 CIP 数据核字 (2022) 第 168270 号

# 梨子吃起来为什么沙沙响？

史军 著　　傅迟琼 绘

责任编辑　丁小卉

特约编辑　庄雨蒙　唐海培　李颖荷

封面设计　吕倩雯

责任印制　刘 巍

出版发行　江苏凤凰文艺出版社

　　　　　南京市中央路 165 号，邮编：210009

网　　址　http://www.jswenyi.com

印　　刷　河北彩和坊印刷有限公司

开　　本　880 毫米 ×1230 毫米 1/32

印　　张　11

字　　数　111 千字

版　　次　2022 年 9 月第 1 版

印　　次　2023 年 2 月第 2 次印刷

标准书号　ISBN 978-7-5594-6578-8

定　　价　159.60 元（全 4 册）

## 想读懂古诗词，先要读懂生活

咱们中国的古诗词美吗？当然美！

作为一个曾经做过语文试卷的人，你是不是也只是把这些赞美挂在嘴边而已？

既然古诗词是我们的文化瑰宝，既然我们都觉得古诗词是美好的语言，既然我们自认是中华文明的传承者，为什么还会有这样尴尬的情况出现呢？

因为我们离开古诗词已经太久了。不过，这种距离感不是时间带来的，而是认知带来的。

细想一下，你就会发现古诗词离我们并不遥远。一口气背诵上百首唐诗，一口气报出"李杜"的名号，这样的场景何其熟悉。然而，这些词句和知识即便经过了我们温热的双唇，也只是冷冰冰的文字组合，并没有成为我们生活的一部分，它们只是一些复杂的文字符号，读完后很快就消散在空气中。

训练记忆能力就是古诗词的全部价值吗？当然不是！

古诗词里有的是壮丽河川，古诗词里有的是花鸟情趣，古诗词里有的是珍馐美味，古诗词里有的是恩怨情仇……而这一切不正是所有我们喜欢听的故事的组成部分吗？

想象一下，如果古人也有抖音、微博、小红书这些社交平台，那么古诗词就是他们社交平台上鲜活的内容。古诗词的背后有着生

动的故事，有着难忘的回忆，还有着灿烂的文化传承。

当然，要想真正明白这些文字，我们确实需要一些知识储备。毕竟古诗词是古人创作智慧的结晶，他们用尽可能极致、简练的语言表达更多的内容和更悠远的意境。

你可能会抱怨：说了半天，还是不能解决问题啊。别着急，这正是《古诗词里的自然常识》的价值和意义所在。读完这套书，孩子会明白《诗经》中"投我以木瓜，报之以琼琚"的本义是滴水之恩，涌泉相报；读完这套书，孩子会明白"春蚕到死丝方尽"其实是一个生命轮回的必经阶段，蚕与桑叶割舍不断的联系在几千年前就注定了；读完这套书，孩子会明白古人如此看中葫芦这种植物绝不仅仅因为它的名字的谐音是"福禄"……

这正是我们力图告诉孩子的故事，这正是我们想让孩子了解的中国历史和自然常识！

有趣生动的故事、色彩鲜明的插画、幽默活泼的文字是有效传递这些思考和理念的扎实的基础。看书不仅仅是看词句，更重要的是体会古诗词作者的生活，真正理解这些古代的好评量极高的社交内容。

从今天开始，不要让古诗词成为躺在课本上的文字符号；从今天开始，让我们一起找回古诗词原有的魅力和活力！

让古诗词成为我们知识的一部分吧，让古诗词成为我们话语的一部分吧，让古诗词真正成为我们生活的一部分吧。

想读懂古诗词，先要读懂生活。这就是我们想告诉你的事情。

中科院植物学博士　史军

# 目　录

柚

荔枝

柿子

黄元帅

青苹果

山楂

红富士

# 古诗词里的水果

# 梨（lí）

梨子吃起来为什么沙沙响？苹果梨到底是苹果还是梨？

## 白雪歌送武判官归京（节选）

〔唐〕岑参

北风卷地白草折，胡天八月即飞雪。
忽如一夜春风来，千树万树梨花开。

### 听我讲诗词

这首诗是有名的送别诗，描写西域八月飞雪的壮丽景色，抒写塞外送别、雪中送客之情，充满了奇思妙想。节选部分写北风席卷着大地，吹折了白草，八月塞北的天空就开始飘降大雪，树上积雪犹如梨花争相开放，仿佛一夜之间春风吹来。后两句家喻户晓的诗写的不是梨花，而是雪景，但也能让我们感受到梨花绽放时的气势。

### 水果有历史

我们中国人的祖先在很久前就开始栽种梨树了，《庄子》和《史记》中都有关于梨的记载。《齐民要术》中特别介绍了插梨法，也就是梨树的嫁接方法，这是果树栽培技术发展史上的里程碑事件。西方栽种梨树的历史同样悠久。公元前2世纪，罗马人就开始栽培西洋梨了。梨是一个大家族，不同的梨吃法也不一样。有些梨从枝头摘下来就可以吃，清甜多汁，如鸭梨、沙梨、香梨。但是有些梨就必须放软了再吃，要是非要生吃，就只能尝到酸涩的味道了。

## 粗糙的口感

我们吃梨时感受到的小颗粒是种特别的细胞——石细胞。在梨的果实的生长发育过程中，石细胞的细胞壁逐渐加厚，压缩内部空间，直到成为一个近乎小石块的结构。因此，叫它"石细胞"一点儿也不为过。在果实生长的初期，石细胞逐渐变多，待到成熟，石细胞的数量才会减少。所以不要偷吃没成熟的梨子，要不你的嘴巴负担的不仅是酸涩的味道，还有更多的"小石头"。

## 梨花

梨花的特征是春天花和叶子同时长出来，并且梨花的雄蕊花药是红色的，很容易识别。

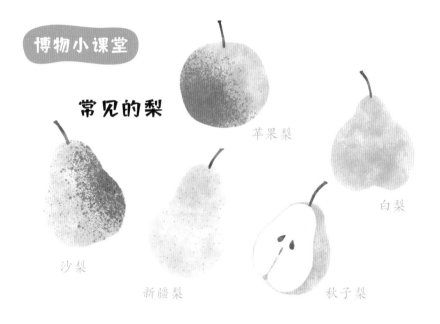

## 常见的梨

苹果梨

白梨

沙梨

新疆梨

秋子梨

不同种类的梨所含石细胞的差别很大。在我国栽培的几种梨当中，白梨的石细胞个头最小，含量最少。鸭梨作为一种白梨，吃起来口感细腻；沙梨和新疆梨的口感也不错；至于秋子梨和苹果梨，还是以冻梨唼汁的吃法为佳。

## 哪种梨可以存得久些？

梨作为秋冬季的常备水果，储藏性显得非常重要。一般来说，包括鸭梨、酥梨在内的白梨家族是最耐储存的。秋子梨家族适合做冻梨，也可以看作耐存的标志。而沙梨家族的皮通常比较薄，所以很难长时间存放。如果买到好的宝珠梨和丰水梨，还是尽快享用为好。至于巴梨更是怕碰怕捏，这种水果还是立即享用为好，否则会影响它的口感。

## 味道奇异的苹果梨

在苹果树上嫁接梨的枝条是不可能完成的任务。实际上，苹果梨就是一种梨。通过 DNA 分析，苹果梨和秋子梨是亲缘关系更近。相较于白梨和沙梨，苹果梨能将自己的特征稳定地遗传给后代。这样看来，这个味道奇异的种类，自成一家倒是更为合理。由于果肉太粗，苹果梨不太适合当鲜食的水果。

**妙趣小厨房**

### 制作黑乎乎的冻梨

在我国东北，有一种把采摘后的梨继续熟化的方法，那就是冻梨。

冻梨的制作方法很简单，直接把采摘后的秋子梨放在 -30℃ 的冰天雪地中，直到那些青黄的梨变成了黑乎乎的冻梨。

要吃的时候，把冻梨放入一盆凉白开中浸泡，这些冻梨吸收了凉水的热量，内部果肉开始解冻后，就可以敲开梨上的冰壳，咬开果皮。当甜美、清凉的汁液在口中奔涌而出时，冻梨才是熟了！

# 苹果（píng guǒ）

苹果有哪些身世之谜？苹果为什么有层涂了蜡一样的皮？

## 奈（nài）树

〔明〕杨起元

树下阴如屋，香枝匝地垂。
吾侪携酒处，尔奈放花时。
有实儿童摘，无材匠石知。
成蹊若桃李，难以并幽姿。

听我讲诗词

这首《奈树》写的就是苹果树。在诗人笔下，奈树的树荫大得像屋子，枝条繁茂，垂到地上。诗人和朋友一起喝酒的地方，正好是奈树开花的地方。奈树结了果实会有儿童来摘，但奈树不是木匠们认可的好木材。即使桃树和李树的下面可以开辟小路，也没有奈树的姿态那么优雅。

## 水果有历史

对于中国人来说，苹果是一种既古老又年轻的水果。中国古代的典籍和文学作品中关于苹果的描述不多，这是因为中国古人没有吃过今天市场上的苹果。苹果的祖先有两个孩子，一个叫绵苹果，一个叫西洋苹果。古代中国人吃的都是面面酸酸的绵苹果，而脆脆甜甜的西洋苹果是在100多年前才进入中国的。不过这种苹果很快就流行起来，让人以为它就是土生土长的苹果。

## 苹果的身世

世界上所有的栽培苹果都来自一个物种——塞威士苹果，又名新疆野苹果。大约 2000 年前，世界各地的果园都有了各自栽培的苹果。在西汉时期，从新疆来的塞威士苹果在中国还有一个特殊的名字——柰，也被称为绵苹果。与此同时，另一支塞威士苹果队伍进入了欧洲。考古证据显示，公元前 1000 年的以色列就开始栽培苹果了。在随后的数千年间，它借助人的双脚，从中亚高原走向世界各地，发展出了自己独到的颜色和风味，最终成为现在主流的栽培苹果。

## 苹果为什么有层涂了蜡一样的皮？

苹果表皮细胞的作用，一是防止水分流失，二是防御动物、微生物的侵袭。所以，这里的细胞要紧紧相靠，同时还有厚厚的果蜡保护。不仅如此，作为防御系统，自然要装备一些"化学武器"来对抗那些贪吃的动物。当然，说果皮的营养含量高一点儿也不过分，毕竟这部分的细胞要排列得更紧密，水分也更少。

红富士

黄元帅

花牛

青苹果

蛇果

## "冰糖心"是什么心?

把 冰糖心苹果切开之后（特别是横切），就会看到花瓣一样的半透明斑块，被称为"冰糖心"。冰糖心苹果确实甜，但它不是什么苹果新品种，而是苹果生病了。这叫"苹果水心病"。患病之后，苹果果肉里的酸就减少了，所以吃起来更甜。有冰糖心的苹果不耐存放，记得要赶紧把它们吃掉。

冰糖心苹果的冰糖心是从果芯或维管束四周的果肉开始糖化的。切开苹果，就能看到这部分有透明感的果肉。

## 小心苹果籽！

吃 苹果的种子是有危险的，因为其中含有大量的氰（qíng）化物。如果吃得过多，很可能会引发呼吸暂停，甚至导致死亡。所以，还是不要相信"苹果的种子是精华"这类谣言了。

种子

雄蕊　　　雌蕊

花瓣

果点

子房壁　　　　子房

## 苹果为什么有酒味？

苹 果会呼吸。在正常情况下，苹果吸入氧气，产生二氧化碳。缺少氧气时，它会进行无氧呼吸。这时，苹果会产生酒精和一些苦味物质。如果你发现苹果有酒味了，就尽快把苹果放在 $10℃\sim18℃$ 的通风环境下。用不了多长时间，它的味道就基本可以复原了。

# 枣（zǎo）

为什么春天的枣树要挨打？枣子可以当粮食吃吗？
你听说过的枣都是同一种枣吗？

## 百忧集行（节选）

〔唐〕杜甫

忆年十五心尚孩，健如黄犊走复来。
庭前八月梨枣熟，一日上树能千回。
即今倏忽已五十，坐卧只多少行立。
强将笑语供主人，悲见生涯百忧集。

## 水果有历史

枣是中国古代为数不多受重视的水果之一。因为红枣里的糖非常多，可以填饱肚子，且干燥后的红枣很容易储藏，所以古代生活在北方山区的人们都会大量栽种枣树作为粮食的补充。鲜红枣的维生素 C 含量非常高，是柠檬的 6 倍、苹果的 40 倍。

这首诗是杜甫在成都草堂时所作，那时他的生活十分穷困。诗人回忆年少时的无忧无虑，体魄健全，精力充沛。八月，庭前梨子和枣子成熟了，少年杜甫频频上树摘取。可又想到现在年老力衰，行动不便，因此坐卧多而行立少。体弱至此却不能静养，只因生活没有着落，每天出入于官僚之门，靠察言观色来养活一家老小。从诗中我们不难感受到诗人从"十五"至"五十"的沧桑。

## 为什么枣树必须挨打？

**有**一句关于枣的俗语，"有枣没枣打三竿"。枣树开花的时候需要打枣树，采摘枣子的时候也要打枣树。《齐民要术》中记载："以杖击其枝间，振去狂花。不打，花繁，不实不成。"意思是在枣树开花的时候，要用木棍击打枣树的枝条。如果不打，枣花太多、太密集，枣树就不能好好地结枣子了。

一棵树冠直径 6 米的枣树能开出 60 万～80 万朵花。如果每朵花都变成小果子争夺营养，最终就是没有一颗枣子可以获得足够的营养长到成熟。

**聪**明的中国人很早就知道，在枣树开花的时候去掉一部分花，枣树的产量会大大提升。

不细心是看不到枣花的。

# 各种不是枣的"枣"

## 大青枣

**虽**然也是枣属的成员，但大青枣完全是另外一个物种，跟我们平常熟悉的大枣没有任何直接的关系。它的学名叫滇刺枣（也叫毛叶枣）。大青枣的主产期是每年的1—3月，在这个水果稀少的时段上市，它自然吸引了众多的食客。

## 黑枣

**黑**枣和红枣没什么关系，新鲜的黑枣看起来更像小柿子。没办法，谁让它是柿科柿属植物的果实呢。黑枣还有一个好听的名字——君迁子。在晾干的过程中，黑枣会越来越像我们常见的枣。

## 南酸枣

**南**酸枣是漆树科南酸枣属的植物。说起来，它倒是跟杧果、腰果是"一家人"。南酸枣的果肉如同果冻，特殊的酸味中混合着淡淡的甜，还有几分类似杧果的香气。更有意思的是，它的种子上面有五个明显的孔洞，所以也被称为"五眼果"。

## 椰枣

**椰**枣是棕榈科植物海枣（中文学名）的干燥果实，因为椰枣的果实像枣而椰枣树像椰子树，所以有了椰枣这个名字。

椰枣非常甜，干燥果实的糖含量能达到 80%，其中一半是果糖和葡萄糖，另一半是蔗糖。椰枣树在中东地区有着重要的地位。《汉谟拉比法典》中就规定，砍倒一棵海枣树，就要缴纳半个银币的罚金。沙特阿拉伯国徽上的那棵大树就是椰枣树。在当地的俚语中，甚至把帅小伙儿比喻成椰枣树。

**妙趣小厨房**

## 枣可以当粮食吃吗？

**甜**味的大枣完全可以填饱肚子，毕竟红枣含有大量的糖分。《战国策》中，苏秦在说服燕文侯时就曾拿枣来说事："北有枣栗之利，民虽不由田作，枣栗之实，足食于民矣。"这句话被多方引用，作为枣是重要粮食的证据。不过，仔细分析一下，这话完全是苏秦在拍马屁。要知道，即使在农业技术大发展的今天，红枣的亩产量最高也不过 1000 千克。注意！鲜枣里 70% 以上都是水分，糖类只占 20%。也就是说，每亩红枣提供的糖类大约为 200 千克。实际上，大枣的亩产量通常也只有 200 千克左右，要想成为粮食显然是不够格的。

# 桃子（táo zi）

桃子为什么长了一身毛？

"桃养人，杏伤人，李子树下埋死人。"这种说法是真的吗？

桃李不言，下自成蹊（xī）。

这句话摘自《史记·李将军列传》，被《史记》作者司马迁用来评价将军李广。意思是桃树和李树不主动招引人，但人们都来看它们开出的花，采摘它们结出的果实，于是在树下走出了一条小路。现在比喻为人品德高尚、诚实正直，用不着自我宣传就受到人们的尊重和敬仰。

## 水果有历史

在距今 8000～9000 年的湖南临澧胡家屋场和距今 7000 年的浙江河姆渡等新石器时代的遗址中都出土过桃核。可见，我们的祖先从那时起就跟桃树打交道了。

桃核中含有氰化物，虽没有苦杏仁的含量高，但也不要误食了。

## 以前的桃子只看不吃

虽然在良渚文化时期，我们的祖先就尝试驯化桃子，但是在之后的很长时间里，中国人对桃子的品赏可能只是停留在好看的桃花上。《诗经》中"桃之夭夭，灼灼其华"描绘的就是桃花生机勃勃的样子。主要原因可能是原始的桃子味道并不好。在桃子的不同变种中，毛桃被认为是最原始的变种，之后演化出了硬肉桃，再出现了蜜桃和水蜜桃。至于桃子的老祖宗毛桃，基本可以参照如今庭院中的观赏植物碧桃所结出的果实——只有薄薄果肉的桃子，看来是下不了口的。

## 喜欢桃子的中国人

中国人对桃子的喜爱自不必说，单是描写桃子和桃花的诗句就数不胜数。桃有很多含义。"桃"字的本义就是兆春之木，桃花是春日里开的花儿。桃子在中国文化里还是长寿的象征，给爷爷奶奶过生日都需要准备寿桃。

# 越老的桃树结的果子越好吃吗？

人们有时会觉得桃树的生长时间越长，结出的桃子就越好吃。实际上，桃树的寿命通常只有 20～30 年。10 年以上的桃树的产量就会逐步下降，因而桃园里的桃树需要不时更换。所以，桃树并不是一种可以长时间、持续性地结出果实的果树，也不会表现出长寿的特征。

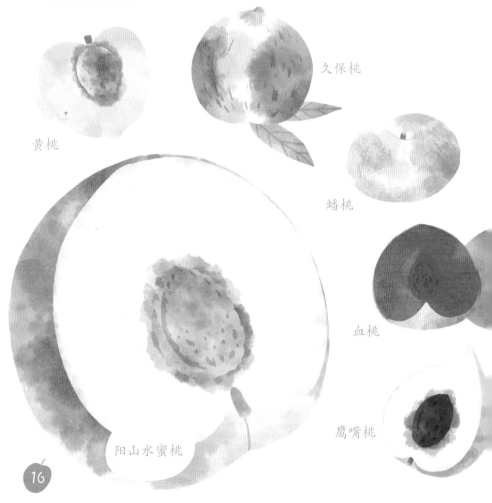

黄桃

久保桃

蟠桃

血桃

阳山水蜜桃

鹰嘴桃

# 桃子为什么长了一身毛？

桃子最能惹麻烦的部位就是表皮的毛了。桃毛主要有两个作用：一是可以阻挡强烈的阳光照射，避免幼嫩的果实被灼伤；二是可以避免雨水的积存，保持果实的干爽。给动物找麻烦，真不在桃子受指责的范围之内。不过，有些人由于免疫系统对某些物质太敏感，一接触桃毛就会皮肤瘙痒、起风团，严重的甚至会因为强烈的呼吸道过敏而导致休克。

## 桃养人，杏伤人，李子树下埋死人

俗语说："桃养人，杏伤人，李子树下埋死人。"这种说法并非空穴来风。在这三种果实中，桃子确实是最"安分守己"的。杏的问题在于种仁中的氰化物含量较高，特别是苦杏仁。李子让人害怕的地方在于吃李子有可能会引起过敏。李子中的蛋白质会引发种种症状，比如嘴唇刺痛、喉头水肿、呕吐等。

## 妙趣小厨房

### 古老的桃子酵素

在《齐民要术》中，贾思勰（xié）记载了一种靠发酵来处理桃子的方法：把采集到的桃子中品相不好的收在一个坛子里，等到发酵变酸后，再把桃皮、桃核这些碎渣滤掉，"味香美"的发酵饮料就基本成形了。不承想，如今从日本传来的桃子酵素，居然在千年前的华夏大地上就流行过，只是没有流传下来而已。

# 葡萄（pú tao）

葡萄从哪里来？葡萄皮上的白霜是什么？
市场上那么多葡萄，你都认识吗？

## 凉州词·其一

〔唐〕王翰

葡萄美酒夜光杯，欲饮琵琶马上催。

醉卧沙场君莫笑，古来征战几人回？

**听我讲诗词**

**精**美的酒杯已经斟满甘醇的葡萄酒——这是西域的特产。将士正欲举杯，却听到琵琶声响起，那是催行的号角。难得痛饮呀！大家又要出征了，又将是一场生死决斗。千万不要笑话啊！自古以来戍边的战士，又有几人能平安回来呢？王翰是著名的边塞诗人，这首诗旷达中饱含着悲壮，感动过无数边塞男儿。

想要看到葡萄花的花瓣，
你恐怕要用放大镜。

葡萄花

## 水果有历史

人类食用葡萄的历史非常悠久，最早的栽培记录可以追溯到公元前6500～公元前6000年。在公元前4000年的时候，葡萄种植技术从南高加索区域传播到小亚细亚，同时通过新月沃土进入尼罗河三角洲，然后向西沿地中海传到西欧，向东传到东亚。与绝大多数水果相比，葡萄的传播可谓顺风顺水。

中国最早的葡萄被认为是西汉张骞出使西域的时候引入的。在随后的很长时间里，葡萄酒都是一种非常珍贵的饮料。唐太宗破高昌之后，得到了大量的优良葡萄品种，同时也获得了更为精良的葡萄酒酿造技术，这才有了"葡萄美酒夜光杯"的名句。然而，当时的葡萄酒也不是寻常人消费得起的。大诗人李白在诗中将葡萄酒和金叵（pǒ）罗并列在一起，那都是少女出嫁时重要的嫁妆，足见葡萄酒的贵重。

## 逃过一劫的欧亚葡萄

在19世纪中期，一种叫根瘤蚜的昆虫随着美洲葡萄进入欧洲。这种小虫子几乎攻陷了所有的葡萄种植园，在短短25年内，几乎摧毁了法国、意大利、德国的葡萄酿酒业。幸好，种植者成功地把欧洲葡萄嫁接到了美国土生的抗蚜品种上，这才让欧亚葡萄这个品种逃过一劫。

# 不同种类的食用葡萄

### 阳光玫瑰

虽然颜色青绿，但它的甜度极高，让人觉得像在吃蜜糖。

### 美人指

这种葡萄的果粒比较长，就像纤细优美的手指。

### 青提

提子的特征是不需要剥皮，吃这些葡萄不用吐出葡萄皮。

### 巨峰

它个头大，汁水多，颜色鲜艳，是鲜食葡萄的主要品种。

### 玫瑰香

它有一种特殊的玫瑰香气，虽然果粒不大，但是受到很多人的喜爱。

### 红提

红提颜色比青提要鲜艳很多，口味和颜值兼具。

## 酿葡萄酒

葡萄并不是中国原产的水果。在欧洲，葡萄最重要的用处是酿酒。葡萄皮上有天然酵母，只要把葡萄捣碎，放在橡木桶里发酵就能变成酒。在葡萄传入中国之前，聪明的中国人就找到了用粮食酿酒的方法。所以，葡萄酒在中国的地位一直都在白酒、黄酒和米酒的后面。

## 酿酒葡萄和鲜食葡萄

**酿**酒葡萄的果皮更厚，果粒更小，含糖量更高；鲜食葡萄的果皮更薄，果粒更大，含糖量不如酿酒葡萄。

酿酒先要踩碎葡萄，古罗马人就曾这样做。

## 葡萄皮上的白霜是什么？

**这**种白霜既不是农药，也不是葡萄糖，而是葡萄表皮上的蜡质。它的主要成分是一种叫齐墩果酸的物质，很难溶解在水里，所以葡萄上的白霜很难被洗掉。注意，即使洗不掉这些白霜也没有关系。因为齐墩果酸并不会危害我们的健康，放心吃那些挂着白霜的新鲜葡萄就好了。

## 葡萄的结构

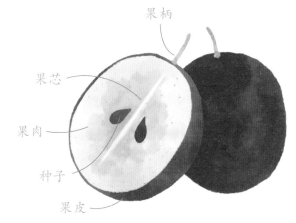

果柄

果芯

果肉

种子

果皮

酿酒葡萄的代表——赤霞珠　　　鲜食葡萄的代表——巨峰

# 甜瓜（tián guā）

为什么甜瓜吃起来这么甜？甜瓜和西瓜是"亲戚"吗？

## 四时田园杂兴六十首·其三十一

〔宋〕范成大

昼出耘田夜绩麻，村庄儿女各当家。

童孙未解供耕织，也傍桑阴学种瓜。

**听我讲诗词**

诗人晚年叶落归根，寄情于田园生活。这首诗写得也是极富生活情趣。白天人们出门耕作，晚上回到家中纺麻线，村子里的男男女女各有各的活计。村里的孩子们虽然还不会这些劳作，但早已在游戏中模仿大人学着种瓜了。

雄花

雌花

子房

## 水果有历史

中国人食用甜瓜的历史相当悠久。《诗经》中就有"七月食瓜，八月断壶"的记载。这里的瓜不是冬瓜、西瓜，而是甜瓜。甜瓜起源于非洲的撒哈拉东部地区，先被带入了印度，后来又传入了中国。中国人培育出了薄皮甜瓜，并且在至少 4000 年前就开始吃甜瓜了。

## 甜瓜很甜！

甜瓜吃起来有一种蜂蜜和青草混合的滋味，但这种滋味比前面两种味道还要清爽。这要归功于乙酸乙酯和乙酸己酯这两种物质。乙酸乙酯是很多果实和花朵中重要的香气来源。至于乙酸己酯，那就是甜瓜味的灵魂了，它的存在让甜蜜蜜的甜瓜有了一种清新的滋味。

# 吃甜瓜为什么拉(lá)嗓子?

**很**多人在吃甜瓜的时候会感觉拉嗓子,这又是为什么呢? 真正拉嗓子的其实是甜瓜中深藏不露的蛋白质。吃甜瓜带来的口腔刺痛感是最轻微的蛋白质过敏反应,严重的还会引起呕吐、起疹子、吞咽困难等症状。中国对甜瓜过敏的研究很少,过敏的报道也不多,这可能与我们长期以来都跟甜瓜保持着亲密的关系有关。但对于欧美人来说,甜瓜过敏就不是什么稀奇的事情了。通常来说,对花粉过敏的人很可能对甜瓜也过敏。所以,这些人吃甜瓜的时候一定要注意。

其实不论皮薄皮厚,世界上所有的甜瓜都是葫芦科甜瓜属的植物。要论"亲戚"关系,甜瓜跟西瓜、南瓜、葫芦这些葫芦科的蔬果都是"亲属"。

伊利莎白瓜

越瓜

哈密瓜

羊角蜜

火银瓜

网纹瓜

## 瓜与肉的奇异组合

将优质的帕尔玛火腿切成薄片，卷在甜瓜条上，一口咬下去，火腿的咸鲜味伴随着甜瓜丰盈的汁水在唇舌之间扩展开来，任谁也不会放弃这样的味觉盛宴。其实，甜瓜和火腿相得益彰的道理很简单。两种食材中的呈味核苷酸和呈味氨基酸相互配合，产生了更为鲜美的感觉。海带黄瓜汤之所以鲜美，原因也如此。

## 甜瓜和西瓜的区别

吃甜瓜时，我们通常会把那些挂着种子的白瓤挖掉，这些白色的瓤就是胎座。西瓜的胎座膨大后占据了整个果实的内部空间。通常在完成孕育种子的使命之后，胎座也就光荣"退役"了。

## 吃下去的种子去哪儿了？

甜瓜好吃，特别是软软甜甜的瓜瓤部分。只是这些白色的瓜瓤上挂着太多的种子，有很多人都害怕吃下去的甜瓜种子会挂在自己的肠道中。这是多虑了。在漫长的演化历程中，甜瓜的种子早就适应了动物传播。种子是什么样被吃下去的，就会什么样被排出来。厚厚的外壳、光滑的表皮可以帮助它们顺利通过我们的肠道被排出来。

# 荔枝(lì zhī)

古代没有冷冻设备，皇帝和妃子怎样吃到新鲜的荔枝？
荔枝吃多了会引起低血糖吗？

## 过华清宫绝句三首·其一

〔唐〕杜牧

长安回望绣成堆，
山顶千门次第开。
一骑红尘妃子笑，
无人知是荔枝来。

杜牧将忧国忧民的情怀化为笔下的风雷：诗人已过华清宫，从长安回望骊山，这处供皇上玩乐的殿宇富丽堂皇，令人感慨。亭台殿宇，一道道宫门依次打开，为了迎接远来的使者，他带来了荔枝鲜果。疲惫的骏马、赶路的使者与宫中笑逐颜开的贵妃，对比鲜明，引人深思。

荔枝的叶子是羽状复叶

26

相传荔枝是唐朝著名美人杨贵妃最爱的水果。唐玄宗为了博杨贵妃一笑，每每到了荔枝收获的季节，都专门派人不远千里将荔枝从岭南送到长安。但是荔枝保鲜不易，据说工匠们会把荔枝树栽种在大木桶

里，等到果实快要成熟的时候，连树带桶装车运往长安。等到了大车不便通行时，荔枝差不多成熟。这时把采收好的荔枝封在新鲜竹筒中，便可快速送到长安。杜牧的诗句"一骑红尘妃子笑，无人知是荔枝来"，写的就是这个故事。

荔枝鲜甜可口，是中国人最喜欢的水果之一。冰镇之后，荔枝会变得更甜。因为在低温环境下，荔枝中的果糖甜度会升高。古代没有冷冻设备，最讲究的吃法就是吃挂露荔枝，那是因为一天之中日出前的气温最低，这时的荔枝也最甜。

## "红颜易逝"的秘密

别看荔枝的果皮就像一身铠甲，事实上，那是不折不扣的"样子货"。它的果皮不但很薄，而且内部组织之间有很多空隙，宝贵的水分很容易借着这些空隙逃走，留下干巴巴的荔枝果实。和桃子的果肉不同，荔枝的果肉是一种被称为"假种皮"的结构（榴梿和山竹也是如此），果皮和果肉之间缺乏有效的水分疏导组织，决定了果皮只能看着果肉干瘪"见死不救"。

## 博物小课堂　市面上的各种荔枝

### 黑叶种荔枝

**中**国最普遍栽培的荔枝品种，又叫乌叶种，占所有荔枝产量的 90% 以上。果实呈漂亮的心形。成熟时果皮转红且果棘变得平滑，风味绝佳。

### 糯米糍荔枝

**果**实呈美丽的球形，果色鲜红。果棘粗，但成熟时会变得比较平滑。果肉细腻且甜度高，果核极小，大多是香甜的果肉。这种荔枝称得上是荔枝中的极品，但产量少且价格昂贵。

### 桂味种荔枝

**这**种荔枝是每年上市最晚的品种。果实呈圆形，果色鲜艳美丽。果棘粗浅，但成熟后会变得平滑。最好等到果皮变得通红后再品尝，否则果肉吃起来就太酸了！

### 玉荷包荔枝

**玉**荷包荔枝是著名的早熟小核品种，果形上阔下尖，就像以前的荷包，十分可爱。它的果色鲜红，外表有较深的果棘，果核小，果肉甜脆爽口。果皮稍微变红就可以食用了。

## 妃子笑荔枝

**皮**色带绿、味中带酸的妃子笑因为每年的上市时间最早、产量最大、甜度很高，所以很受市场欢迎。

雄花　　雌花

妃子笑的果核很小，酸甜可口，是市场上常见的品种之一。

### 妙趣小厨房

## 荔枝吃多了会引发低血糖吗？

**答**案是会。因为给荔枝带来甜味的果糖并不能像葡萄糖那样被我们的身体直接吸收和利用。另外，荔枝中还含有一种有毒氨基酸，吃多了会导致血液内的葡萄糖（血糖）大幅减少，从而引起低血糖。所以，荔枝虽甜，可不能贪多。

# 龙眼（lóng yǎn）

龙眼和荔枝有什么不一样？市面上都有哪些龙眼品种？

## 廉州龙眼，质味殊绝，可敌荔支（节选）

〔宋〕苏轼

龙眼与荔支，异出同父祖。
端如甘与橘，未易相可否。

**听我讲诗词**

大诗人苏轼对美食很有研究，写了不少与果蔬相关的诗作。"龙眼与荔支，异出同父祖。"说得一点儿都不错，龙眼和荔枝是一大家子。龙眼一直都排在荔枝身后，堪称"千年二哥"。龙眼有一点比"大哥"荔枝厉害，那就是它的果实在晒干之后会有一种特殊的风味，而且有了一个新名字，叫桂圆。

## 荔枝肉厚，龙眼肉少

荔枝和龙眼的果肉虽然都是植物学上的"假种皮"构造，但两者成长的过程有所不同。小龙眼刚长出来就有一层薄薄的假种皮包裹着种子，随着种子的成熟，假种皮

也跟着成长。而荔枝是等到内部种子成熟后，假种皮才开始膨胀、长大。这个成长上的差异导致了荔枝肉厚，而龙眼肉少。

## 荔枝的陪衬 —— 龙眼

在中国古代的典籍记载中，龙眼总是被当成荔枝的陪衬。原因之一就在于中国传统的龙眼果肉太薄了，吃起来不够痛快。制约龙眼发展的另一个原因是育苗方式。农学著作《齐民要术》中有果树嫁接的细致描述。在北方土地上，桃、李、梅、杏和梨在园丁的嫁接技术下茁壮成长，繁育出了相当优秀的水果，然而这些方法并没有被用在龙眼上。

## "娇气"的荔枝，"尴尬"的龙眼

当大家都在努力运送荔枝的时候，比荔枝好处理的龙眼反而是个尴尬的存在。荔枝和龙眼是很亲近的"表亲"，从它们相似的果实上就可以看出这种亲属关系。它们拥有同样的外壳，同样晶莹剔透的果肉，同样光滑的种子。不过，龙眼一直都生活在荔枝的阴影之下。

## 不同类型的龙眼

### 依多龙眼

作为泰国龙眼的主流品种，依多龙眼的果肉大而厚，呈半透明的白色，嚼起来又脆又甜，还有香味。

### 储良龙眼

广东茂名出产的储良龙眼果粒均匀，果形扁圆，果皮呈黄褐色。它的果肉是不透明的乳白色，吃起来爽脆甜蜜。

### 钮仔眼龙眼

这是台湾省种植过的一种比较老的龙眼品种，现在很少有人种植。它的果核大而果实大小不一，甜度差别也很大。

## 赤壳龙眼

**果**壳是深褐色，因此被称为
"赤壳"。果肉厚而果核
小，甘甜美味。

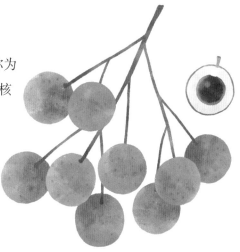

### 妙趣小厨房

## 制作桂圆红枣鸡蛋糖水

1. 把红枣去核，
龙眼去壳去核，
洗净备用。

2. 将洗净的龙眼、红枣放
入锅中，加入适量清水，
大火煮开，再转小火熬煮
5～10分钟。

4. 趁小火水温下
降，水面不翻花时，
打入一枚生鸡蛋，
保持小火。

3. 加入红糖，
拌匀至溶化。

5. 待到鸡蛋
煮熟，关火。

# 橘(jú)和枳(zhǐ)

生在淮南的橘子就是橘，生在淮北的橘子就是枳吗？
橘子掉色是怎么回事？

## 晏子春秋·杂下之六（节选）

〔汉〕刘向

　　婴闻之：橘生淮南则为橘，生于淮北则为枳，叶徒相似，其实味不同。所以然者何？水土异也。

**听我讲文言**

这段话和晏子使楚的故事有关。作为齐国使臣的晏子在被楚王取笑、羞辱齐人偷盗时，他面不改色地给出了有力的还击："淮南的柑橘又大又甜，可是一将橘树种到淮北，就只能结又小又苦的枳，难道不是因为水土不同吗？齐国人在齐国安居乐业、辛勤劳动，一到楚国就做起了贼，也许是两国的水土不同吧。"

橘

枳

从晏子的这段话中，人们得出一个结论——环境会影响人和生物的表现。实际上，不管把枳种在什么地方，枳的味道都是酸溜溜的。就像老虎不会变成猫，枳也不会变成橘子，因为它们根本就不是一家的。

## 橘和枳不是"亲戚"

在果树的外形上，橘和枳就有明显的区别。相比橘树来说，枳树更矮小一些；枳树到冬天就变成了光杆儿，而橘树仍然身披绿叶；枳树一般都有三片小叶，这跟橘树的单身复叶（带着小尾巴的叶子）有着明显的不同。并且，橘树喜温热，枳树好冷凉，所以野生枳确实只生活在淮河以北。如果把橘比作人的话，那枳就是黑猩猩。种下去的橘树，会不会变成枳？还真有可能。有些橘树是嫁接在枳的根上的。我们把这些橘树移植到寒冷的地方，橘树枝条被冻死后，枳的枝条萌发了出来，于是橘树就"变身"了。

枳树

橘树

枳树和橘树之间的差别是非常大的。

35

## 橘子的结构

橘子的果皮分为三层：外果皮、中果皮和内果皮。外果皮上有很多芳香精油。如果对着气球捏橘子皮，气球会爆炸，因为橘子外皮上的精油会溶解气球上的橡胶。橘子皮内侧像海绵的部分是中果皮。至于内果皮，就是包裹着多汁果肉的那一层。

## 橘子有几瓣？

不剥开橘子，你能知道它有几瓣吗？你可以试试取走橘柄，数一数上边有几个小点，然后再掰开橘子，看看能不能和橘子瓣的数量对上。

## 橘子掉色是怎么回事？

每次剥完橘子，我们的手指会变成橙黄色。这是黑心商家给橘子染色了吗？其实不是。手指变色是因为橘子中含有丰富的胡萝卜素，这些色素是典型的脂溶性色素，很容易与皮肤结合，所以剥橘子容易让手变色。一提到胡萝卜素，大家首先想到的肯定是胡萝卜，但并不是只有胡萝卜里才有胡萝卜素，绝大多数植物中都有这种色素。柑橘中这种色素的含量是极高的，因而柑橘是橙色的。

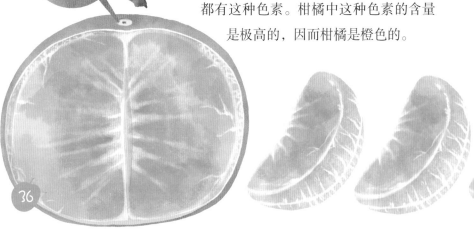

## 妙趣小厨房

### 制作小橘灯

1. 拿起水果刀对着橘子上半部分划一圈，取走上半部分的果皮。

2. 将橘子一瓣一瓣地取出，直到掏空橘子。

3. 在橘子里放入一小块蜡烛，点燃烛芯，小橘灯就完成了。

## 为什么需要胡萝卜素？

胡萝卜为什么是橙色的？那要归功于其中的 β-胡萝卜素。一般情况下，我们会认为叶片尽可能多地吸收阳光是件好事，但事实却不是这样。过量的光会催生氧自由基，这种高能量的"破坏分子"就像炸弹一样，会把生物体搞得一塌糊涂。而胡萝卜素就是对抗氧自由基，帮助植物保护细胞的"灭火剂"。

吃下的胡萝卜素在体内可以转化成维生素 A，这种营养元素对我们的眼睛非常重要。缺乏维生素 A 会导致夜盲症。但要注意，摄入胡萝卜素不是越多越好。橘子吃得太多，全身都会变黄，那就是胡萝卜素血症了。

# 柚(yòu)

西柚的祖先是什么？它的老家在哪里？

## 吕氏春秋·本味（节选）

〔战国〕吕不韦

果之美者：沙棠之实；常山之北，投渊之上，有百果焉，群帝所食；箕山之东，青鸟之所，有甘栌焉；江浦之橘；云梦之柚；汉上石耳。

**听我讲文言**

节选的文字大意是说水果中的美味，有沙棠树的果实；有在常山北边，投渊的上面，先帝们享用的各种果实；有在箕山的东边，传说中青鸟居住的地方的甜橙；长江边的橘子；云梦泽边的柚子；汉水旁的石耳。

## 水果有历史

柚子是中国土生土长的水果。我国栽培柚子的历史可以追溯到公元前 2000 年。在西方，有关西柚的记载最早出现在格里菲斯·休斯撰写的《巴巴多斯自然史》一书中。在这本 1750 年创作的博物学著作中，休斯描述了这种果实如葡萄一样成串挂在树上的柑橘类水果。依据这样独特的果实形态，西柚也被称为"葡萄柚"。有趣的是，西柚的祖先——柚子并非原产于美洲，它真正的老家在中国。

柚子是柑橘家族的大家长，是中国人食用最久的水果之一。柑橘家族的水果，或多或少都与柚子沾亲带故。这么说吧，柚子和宽皮橘杂交产生了橙子，柚子和橙子杂交产生了西柚，橙子和橘子杂交又产生了橘橙。

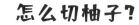
# 怎么切柚子？

有人把柚子比作天然水果罐头，一方面是指它方便储存；另一方面是因为开柚子像开罐头一样费力。柚子皮很厚，如果没有工具会非常难剥。吃柚子的时候，可以先用刀从厚厚的皮上切下去，分成几份，切到果肉的地方就停手，然后用力掰开皮，就可以吃到鲜美的果肉了。

## 市场上常见的柚子

### 三红蜜柚

皮红瓤红心红，蜜柚中的极品。柚香浓郁，皮薄好剥。红彤彤的果肉晶莹剔透。

### 沙田柚

果子大，淡黄色的果肉脆嫩可口，成熟之后几乎没有酸味。

### 文旦柚

最初为文姓旦角演员所种，因而得名。淡黄白色的果肉汁水很多。

### 琯溪蜜柚

果子大，重量可以达到3～4千克，气味芬芳，酸甜可口。

## 西柚

甜橙和柚子杂交产生了西柚，一种橙黄色外皮的小柚子模样的果子。西柚的味道集合了橙子和柚子的特点，集酸、甜、苦、香于一身，是特殊的存在。

## 制作蜂蜜柚子酱

1. 清洗柚子，用食盐揉搓表皮，放进温热的水中泡 10 分钟。

2. 将柚子皮用刀划开，去掉白色部分以减轻苦味。将柚子皮改刀切成细丝，把切好的丝焯水。

3. 锅中放入焯过水的柚子皮，再加入柚子肉，熬煮直至黏稠。

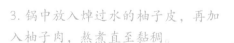

4. 关火凉（liàng）一会儿，倒入蜂蜜，搅拌装瓶，放进冰箱冷藏。

做好的蜂蜜柚子酱可以用来涂抹面包或者冲水喝。

注意：市场上售卖的蜂蜜柚子茶的主要原料不是柚子，而是香橙。

# 枇杷（pí pa）

吃枇杷究竟能不能止咳？
长得像杧果的枇杷，居然跟山楂是一家子？

## 初夏游张园

〔宋〕戴复古

乳鸭池塘水浅深，熟梅天气半阴晴。
东园载酒西园醉，摘尽枇杷一树金。

这首诗写江南初夏游园的情景，生活气息浓郁。小鸭子在池塘中嬉戏，一会儿游向深水，一会儿游向浅水。梅子成熟的季节，天气时晴时雨，正是好时候！邀请三五好友饮酒游园，游了东园又游西园时，有人已经醉了。枇杷树上挂满了金色的果子，正好摘下来品尝。

## 水果有历史

中国人栽培枇杷的历史也非常悠久。司马迁在《史记》中就引用了《上林赋》中的句子"于是乎卢橘夏熟，黄甘橙榛（còu），枇杷橪（rǎn）柿……"，说明中国人在汉朝时就已经栽培和选育枇杷了。1975 年，在湖北江陵的一次考古发掘中，考古人员在距今 2100 多年的汉代古墓里找到了与红枣、桃和杏混装在一起的枇杷。到了唐宋时期，枇杷的种植已经扩散到了整个长江流域，枇杷也成了宫廷中重要的时令贡果。

## 为什么从来没有见过枇杷开花？

枇杷当然要开花，只不过它们的花朵实在是太小了，花朵直径不超过 20 毫米，颜色又淡，并且开花的时间是秋末冬初，所以通常不被人们注意。

枇杷长着白色或淡黄色的小花，每一朵小花有 5 片花瓣，5～10 朵组成一束。你觉得枇杷长得像琵琶吗？

**不同的枇杷**

### 红肉类的枇杷

果肉是橙红色或橙黄色，如大红袍
枇杷、洛阳青枇杷等。

### 白肉类的枇杷

果肉是乳白色或淡黄色，如软
条白沙、白梨、白玉等。

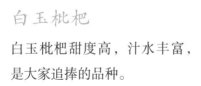

### 白玉枇杷

白玉枇杷甜度高，汁水丰富，
是大家追捧的品种。

## 吃枇杷能止咳吗？

枇杷的名头响亮大概和止咳糖浆有关
系。谁敢保证自己从来都不会喝枇杷
止咳糖浆或枇杷止咳冲剂之类的产品呢？
注意，枇杷止咳糖浆里面的有效成分是麻黄
碱，有止咳平喘的作用；并且药方里用的是
枇杷叶，而不是枇杷果。

杷只是美味的水果，别对它要求那么多。因为水分充足，吃枇杷对缓解咽喉部位的不适还是有帮助的。但如果病症严重，一定要寻求医生的帮助。

## 枇杷、山楂是一家

杷是蔷薇科的水果，不过这果子长得是不是像杧果？凡事不能只看外表，我们把枇杷果咬开就会发现，枇杷存放种子的地方分成了5个房间（子房5室），这点与山楂的构造非常相似。并且，枇杷的花朵更像是一朵缩小版的蔷薇花，和杧果的花并不像。这也是枇杷和山楂同属一家的身份标志。

**妙趣小厨房**

**自制枇杷膏**

1.把枇杷洗净，去皮去籽剥出果肉。

2.把剥好的枇杷果肉放入锅中。

3.开中火，放入冰糖开始熬制。

4.边熬边用勺子把冰糖敲碎。

5.待冰糖开始融化，枇杷也开始出水，关小火继续熬制。

6.等锅里枇杷的水分被熬干，颜色变得晶莹剔透，关火。

冰糖和去皮枇杷

# 木瓜 (mù guā)

中国古人吃的木瓜和今天市场上卖的木瓜是同一种吗?
木瓜的老家在哪里?

## 诗经·卫风·木瓜

〔先秦〕佚名

投我以木瓜,报之以琼琚。匪报也,永以为好也!

投我以木桃,报之以琼瑶。匪报也,永以为好也!

投我以木李,报之以琼玖。匪报也,永以为好也!

**听我讲诗词**

这是一首流传很广的先秦古诗,有说是青年男女互赠信物,也有说是好友相赠。不过,无论如何,你赠我木瓜、木桃、木李,而我则回报给你各种美玉,这些做法都不是简单的"投桃报李",而是用更贵重的物品表达自己的心意,和对双方情意的珍重。

番木瓜

酸木瓜

今天我们在超市里买的番木瓜，并不是古代中国人吃的木瓜。古代中国人吃的木瓜是木瓜海棠、日本海棠或贴梗海棠的果实，因为味道很酸，被称为"酸木瓜"，通常作为炖鸡或者炖鱼的配料。番木瓜的老家则远在美洲。所以，此木瓜非彼木瓜。

### 番木瓜

市场上常见的木瓜实际上是番木瓜。相较于中国本土的木瓜，番木瓜有着更多的糖分、更柔软的果肉、更甜的滋味，这些特点让它成为更受欢迎的水果。

### 酸木瓜

酸木瓜通体金黄，散发着苹果和柠檬混合的香气。把它切片放进嘴巴里，会感到电流在舌尖跳动般的酸爽。中国本土的木瓜不那么好吃，太硬太酸，更适合用作烹制菜肴的配料。

番木瓜树
番木瓜的
白色小花

酸木瓜树
酸木瓜的
粉色小花

## 名字加"番"的蔬菜水果

番 木瓜和木瓜并没有直接的"亲戚"关系，就好像番荔枝和荔枝，番茄和茄子。与此同时，我们在其他植物名字上也能看到"胡"和"洋"字，比如胡椒和洋葱。其实，这些"胡""番""洋"的前缀也能说明它们的身世。通常来说，带"胡"字的蔬果，大多在两汉、两晋时期由西北陆路引入中原；而带"番"字的蔬果，大多是南宋至元、明时期由"番舶"（外国船只）带入的；带"洋"字的蔬果，则大多在清代乃至近代引入。

## 嫩肉的秘密

木 瓜中含有一种特殊的蛋白质叫木瓜蛋白酶。它可以将硬的肉纤维（由蛋白质组成）切断，让肉质变得柔嫩可口。南美洲的原住民早在数千年前就发现了木瓜的这种神奇特征。实际上，市面上售卖的嫩肉粉的主要成分就是木瓜蛋白酶。

## 酸木瓜炖鸡

**酸**木瓜直接吃不好吃，和鸡肉一起炖煮，爽口开胃，让人越吃越想吃。做法如下。

1. 把鸡肉切块，加调料腌制。

2. 把酸木瓜切片，和鸡油、猪油、火腿片等各种调料炒一炒。

3. 放入鸡肉一起煸炒，加入适量开水，煮 15 分钟。

煮好的酸木瓜炖鸡味道酸爽可口，让人难忘。

## 挑选番木瓜小贴士

**直**接生吃的番木瓜，要选择肉质肥厚且成熟度高的。首先看肉质，瓜肚大的木瓜肉质往往更加肥厚。其次看成熟度，外表黄透、气味芳香、用手按压触感偏软的就是熟木瓜。

# 樱桃 (yīng tao)

什么是"樱桃宴"？市场上的 樱桃都有哪些品种?

## 一剪梅·舟过吴江

〔宋〕蒋捷

一片春愁待酒浇。江上舟摇，楼上帘招。秋娘渡与泰娘桥，风又飘飘，雨又萧萧。

何日归家洗客袍？银字笙调，心字香烧。流光容易把人抛，红了樱桃，绿了芭蕉。

**听我讲诗词**

这首词大约作于南宋灭亡之际，字里行间无不透露着孤独、愁苦和无奈。词人乘孤舟行于江上，一片愁绪正想要一醉方休时，岸上的酒楼招牌映入眼帘。不过，船没能靠岸，酒楼也从眼前飘过。船上的物与人，都笼罩在凄风冷雨之中。被打湿的衣服什么时候才可以回家浣洗呢？那些奏起镶有银字的笙，点燃"心"字形盘香的日子都转瞬即逝了。时光飞逝，一年年樱桃红了又红，芭蕉绿了又绿。这愁似乎是无法消退了!

50

关于樱桃最早的记载出现在周代的《礼记·月令》中。樱桃在古代是珍贵的水果，唐朝的帝王喜欢邀请群臣品尝樱桃。当时，樱桃成熟的时间又恰逢进士科考放榜，新进士及第需要开"樱桃宴"宴请宾友。现在市场上最多的樱桃是欧洲甜樱桃。我们吃的车厘子是欧洲甜樱桃和欧洲酸樱桃的通称，也是英文"cherries"的音译。早在公元前72年，罗马的史官就记录了把樱桃从波斯带回栽培的事。经过多年的培育，车厘子家族已经异常庞大。特别是19世纪车厘子家族登陆美洲之后，它们的成员更是得到了前所未有的发展。可以肯定，如果当年华盛顿真的砍倒了一棵樱桃树，那砍的也是车厘子树。

樱桃花

樱花

博物小课堂

## 雷尼尔樱桃

要想体验甜蜜，雷尼尔樱桃是不二之选。这种金黄色的樱桃果实就如同金色的蜂蜜一样充满甜蜜的诱惑。1954 年，雷尼尔樱桃由美国华盛顿州立大学农业实验站选育而出。

## 拉宾斯樱桃

这是加拿大的一个樱桃品种，于 1965 年由加拿大夏陆农业研究所育成，是世界范围内栽培量较多的樱桃品种之一。拉宾斯的果实比较大，大果可以达到 12 克。它的果子是近圆形或卵圆形的，果皮是紫红色，果肉浅红，果肉较硬，汁多。它唯一的小缺憾是果皮稍厚。但正因如此，这些樱桃才能完好地从果园来到我们身边。

## 科迪亚樱桃

它是捷克育成的晚熟樱桃品种。果子是漂亮的心形，果皮是深红色，甚至有黑色的感觉。果肉非常紧实，呈现出不一样的深红色。

## 宾樱桃

宾樱桃是历史最悠久、种植范围最广的樱桃，于1870年由园艺师斯莱维灵和他的中国助手共同选育而出，并且用后者的名字来命名。这个品种的樱桃外观呈心形，果实硕大。暗红色的表皮之下包裹着红宝石般多汁的果肉，口味和质感可以满足大众对樱桃的所有想象。

## 毛樱桃

毛樱桃是中国本土的品种，它的果实表面有微微的茸毛，没有长柄。

## 针叶樱桃

针叶樱桃的维生素C含量相当惊人，是柠檬的500倍，但是太酸了，不适合直接吃。不过，针叶樱桃不是樱桃，它是金虎尾科的植物。

**妙趣小厨房**

## 制作雪碧樱桃冰

1. 准备一个冰盒，在每个小格子里放入樱桃。
2. 倒入一点点雪碧，放入冰箱冷冻。

冻透了的樱桃吃起来又凉又甜。

# 猕猴桃（mí hóu táo）

猕猴桃和奇异果是一种水果吗？
为什么买到的猕猴桃通常都是生的？

## 太白东溪张老舍即事，寄舍弟侄等（节选）

〔唐〕岑参

中庭井阑上，一架猕猴桃。

石泉饭香粳（jīng），酒瓮开新槽。

这首诗描绘的是秦岭主峰太白山下一位老人的田园生活。平日里，他喝着泉水和美酒，吃着粳米，看着院子里种着的猕猴桃，别提多惬意了。

## 水果有历史

猴桃是当下人类培育出的最"年轻"的水果之一，它作为水果只有短短100多年的历史。虽然今天国际市场上的大部分猕猴桃都来自新西兰，但猕猴桃的老家在中国。1906年，一小包猕猴桃种子被一位新西兰女教师带回了新西兰。最初因为名字不好听，猕猴桃的销量不够好。后来，人们借用新西兰的国鸟几维鸟（Kiwi）的名字给猕猴桃起了一个新名字"Kiwi fruit"，翻译成中文，就是我们熟悉的名字——奇异果。

54

獼猴桃
的雌花

獼猴桃
的雄花

## 不走运的植物猎人

在1899 年，植物猎人威尔逊将采集到的獼猴桃种子寄回英国。1900 年，这些种子顺利生根发芽。但在 1911 年之前，英国人都没能收获獼猴桃的果实。在同一时期，美国农业部也间接从威尔逊手中获得了獼猴桃的种子。1913 年，已经有超过 1300 株的獼猴桃树在美国各地试种。但奇怪的是，这些獼猴桃树也没能结出果实。后来通过调查发现，英国和美国培育的首批獼猴桃植株都是雄性的！原来獼猴桃树是分雌雄的，必须雌雄搭配才能结出果实。

## 獼猴桃的结构

果顶

果肉
（外果皮）

种子

甜甜的果芯

### 绿芯家族

**大**多数野生猕猴桃的果肉是绿色的，绿芯家族也是传统的猕猴桃家族。比如，世界范围内广泛种植的海沃德猕猴桃，一度占猕猴桃世界总产量的80%，就是绿芯家族的一员。这个品种从1924年就被选出，是猕猴桃界的传奇了。这几年市场上出现的翠香猕猴桃也是绿芯，味道很甜，果肉多汁细腻。同样很甜的绿芯成员还有多毛的徐香猕猴桃。

### 黄芯家族

**黄**芯家族是中华猕猴桃家族的成员，也是后来居上的一个猕猴桃家族。因为果肉金黄，招人喜爱，它又被冠以"阳光奇异果"的美称。其实是这种猕猴桃的叶黄素占优势，压制住了叶绿素，在完全成熟时就有了阳光的色彩。目前市场上最出名的黄芯品种就是我国的金艳猕猴桃和新西兰的G3猕猴桃。

你都吃过哪种猕猴桃？

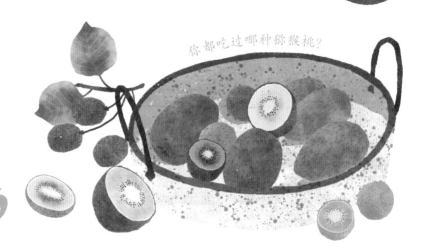

## 红芯家族

红芯家族也是中华猕猴桃家族的成员。它的特色在于含花青素，表皮光滑，没有毛。红芯家族的主要成员有红阳猕猴桃和楚红猕猴桃，都是我国的本土品种。红阳猕猴桃果肉细软多汁，甜度较高，红黄相衬，卖相非常好。楚红猕猴桃仍然是家族中的新秀。

## 软枣猕猴桃

软枣猕猴桃算得上是最另类的猕猴桃。首先，它的个头就很另类，和红枣差不多大，却是绿色的。其次，它光滑的表皮完全没有毛，看起来倒有点儿像蓝莓和醋栗之类的莓子。善于包装的卖家给这种猕猴桃起了一个新名字——奇异莓。

**妙趣小厨房**

## 催熟猕猴桃的妙招

为了便于储藏和运输，种植者不会等猕猴桃完全成熟再采摘。所以，我们买到的猕猴桃通常都是生的。别着急，找一个保鲜袋和一个大苹果，把猕猴桃和苹果一起装进保鲜袋，再放在温暖的地方。两三天之后，你就能品尝香甜可口的猕猴桃了。

# 柿子（shì zi）

看起来明明熟透了的柿子，为什么咬一口却又涩又硬？

## 杭州春望

〔唐〕白居易

望海楼明照曙霞，护江堤白踏晴沙。
涛声夜入伍员庙，柳色春藏苏小家。
红袖织绫夸柿蒂，青旗沽酒趁梨花。
谁开湖寺西南路，草绿裙腰一道斜。

柿子是中国传统的水果，"事事如意"的口彩让柿子的形象出现在房前屋后和剪纸、家具上。

**听我讲诗词**

白居易的这首诗写的是杭州城春日的景色，充满了生活气息。杭州城外望海楼披着明丽的朝霞，护江堤在阳光下闪着银光。呼啸的钱塘涛声在夜晚传入伍员庙，娇嫩的绿柳春色躲进了苏小小家。红袖少女夸耀杭绫柿蒂的织工好，青旗门前众人趁着春色争相买酒喝。是谁开辟了通向湖心孤山寺的道路？长满青草的小路弯弯斜斜，像少女的绿色裙腰。

## 皇帝爱吃的水果

早在公元前 8000 年，我们的祖先就已经开始采集柿子了。在浙江省浦江县的上山遗址中就出土了柿子核，足见这种水果食用历史的悠久。从春秋时期开始，人们就有意识地驯化野生的柿子树了。当然，这个时候的柿子树栽培技术还比较落后，仅限于供帝王赏玩。也不知道是当时的食物确实匮乏，还是帝王着实喜欢柿子，很多国君对柿子都给出了极高的评价。比如，梁简文帝就曾经称赞柿子"甘清玉露，味重金液"。《礼记·内则》中记载了柿子作为三十一国国君标准饮食的规定，可见柿子的重要性。

## 柿子嫁接

南北朝时期的《齐民要术》中介绍了柿子大规模生产的方式："柿，有小者栽之；无者，取枝于软枣根上插之，如插梨法。"看来在南北朝时期，我们的祖先就已经掌握了柿子树的嫁接技术，并推广优良的品种，我们今天才能吃到这样美味的大柿子。实际上，几乎所有优良的木本植物水果都依赖嫁接技术才得到发展。如果没有嫁接植物，我们就很难吃到好吃的苹果、梨子、橘子和樱桃。可以说嫁接技术彻底改变了柿子的命运，让它从庭院赏玩的花木变成了大规模种植的果树。

# 为什么柿子树有"小脚"？

柿子树多半是嫁接在黑枣树上的。黑枣树的根系发达，抗寒抗旱，作为柿子的嫁接对象再合适不过了。但是，柿子树和黑枣树嫁接在一起后，由于它们的生长速度不完全同步，就出现了茎干的基部细而上部粗的"小脚"现象。

## 柿子为什么涩？

柿子虽然通过嫁接得到了广泛的种植，但仍面临着一个问题——天生的涩味。涩味本身就是让人不舒爽的味道，涩味物质（比如单宁）之所以让人感到不适，是因为它会跟我们味蕾上的蛋白质结合。柿子的涩味恰恰是未成熟的柿子防御动物袭击的一个重要"武器"。

## 后熟的柿子

即便是看起来红彤彤的柿子也并不好惹。如果你是个急性子，吃了刚从柿子树上摘下的柿子，嘴巴多半要受苦了。绝大多数柿子有种特殊的习性——后熟。前面我们说柿子的涩味源于其中

富有甜柿

次郎甜柿

笔柿

的单宁，而挂在枝头的柿子多半都藏有充足的单宁。也就是说，这些水果不会在枝头完全成熟。因而，才有了人们往瓮里混装柿子和苹果的经验。这样做是利用苹果释放的乙烯促使柿子中的单宁尽快降解，好让我们能很快吃上甜柿子。

妙趣小厨房

## 柿饼的白霜去哪里了？

除了直接吃，柿子还能做成蜜饯干果。把柿子去皮、晒干之后就成了柿饼。在干燥过程中，柿子内部的糖分会慢慢渗出来，变成白色的糖霜。这是一个多么神奇的过程啊！其实，这些糖分是自己从柿子果实内部"跑"出来的。虽然听起来有些不可思议，但柿子就是有这样的"超能力"。果实内部的水

牛心柿

分混着糖分渗到了果皮外，随着水分的蒸发，柿子的糖分结晶都逐渐累积到表面。在这个过程中，蔗糖被转化成了果糖和葡萄糖，而相对比较甜的果糖又变成了甘露糖。于是，白霜柿饼就露出了

四周柿

真容。当然，有人会问挂在枝头的柿子为什么晒不出糖霜。答案很简单，枝头的柿子没有削皮而已。

# 山楂（shān zhā）

山楂都是红色的吗？吃山楂真的能消食吗？

## 出游二首·其二

〔宋〕陆游

行路迢迢入谷斜，系驴来憩野人家。

山童负担卖红果，村女缘篱采碧花。

篝火就炊朝甑（zèng）饭，汲泉自煮午瓯（ōu）茶。

闲游本自无程数，邂逅何妨一笑哗。

**听我讲诗词**

这首诗写的是诗人陆游外出游玩的见闻。这一天，陆游骑着驴，沿着山路边走边游，不知不觉，眼前出现一座村庄。他拴了驴子停下来歇歇脚，看到一个小孩挑着一担山楂一路走一路叫卖，村民家的竹篱外几个女孩正在采花。村里人早上用柴火煮饭，中午又取来泉水煮茶。他闲来出游，本就漫无目的，偶遇村民后一起谈笑，简直太惬意了。

**在**中国，山楂的食用历史已经超过 2000 年，古籍《尔雅》和《山海经》中都有相关的记载。不过，中国古代的山楂树既不是果树，也不是爱情的象征，而是用来烧火做饭的柴。《齐民要术》中记载："杝（qiú）木生易长。居，种之为薪，又以肥田。"这里的"杝"就是中国古人对山楂的称呼。在李时珍的《本草纲目》中，山楂第一次被编入了果部，这才有了水果的身份。

## 味道奇怪的花

**山**楂树开的花是白色的，远远望去像一些分散在绿雾中的白色斑块。如果凑近山楂的花朵，你会发现它们长得比较精致，五片花瓣上有五个栗色雄蕊。不过，这些精致的花朵味道却不好闻，与栗子花、石楠相比有过之而无不及。正是这种气味才能招揽传粉的昆虫。

## 不得不吐的山楂核

**山**楂的内果皮异常结实，就像是一块块小石头。吃山楂的时候很容易硌牙，而且是那种酸爽的硌牙。肯定有人会想，要是没有这些种子多好，甚至恨恨地想"硌吧硌吧，这么厚的壳，看你们怎么发芽"。可别说，山楂种子还真能发芽。干湿和冷热的交替变化，导致山楂内果皮反复收缩和膨胀，最终出现裂纹，而山楂的幼苗就是从这个裂纹中生长出来的。这个时候，山楂种子早已在土壤中安家，不会再被动物骚扰了。

**博物小课堂**

## 山楂果是不是都是红色的？

山楂的果皮颜色是多样的，除了常见的大红色，还有橙色和黄色。橙色果皮品种的代表是山东的甜红和早红、河北的雾灵红、山西的橙黄果等。而黄色果皮品种的代表是山东的大黄绵楂、小黄绵楂和山西的黄甜。这些山楂叫"山里红"就不合适了。

## 吃山楂真的能消食吗？

山楂很酸，一听到山楂，人们的口水都要流下来了。山楂中的有机酸等成分，能促进肠胃蠕动，并且使蛋白酶的活性增强，从而达到消食的目的。但要注意的是，山楂中含有大量的鞣酸，在没有吃其他东西的情况下，大量食用山楂很可能会引发胃结石。所以，千万不要为了消食而拼命吃山楂。

## 冰糖葫芦的做法

1. 在锅中倒入白砂糖，加水没过白砂糖，开小火，边搅边煮。

2. 将糖浆熬到发黄浓稠，用筷子蘸一点儿放入冷水中，糖浆能迅速结成硬壳。

3. 将山楂穿在竹扦上，放入糖浆中裹一圈。

4. 将裹好糖浆的山楂串静置15分钟。

# 香橼（xiāng yuán）

香橼好吃吗？它的香气从哪里来？

## 佛手柑·其一

〔清〕屈大均

香橼无大小，十指总离离。绝似青莲举，初开玉手时。

芬须霜气满，味待露华滋。未共壶柑熟，人愁入掌迟。

**听我讲诗词**

这首诗将香橼的特点全都写了出来。它长得像一只手，伸开纤纤玉指，散发出迷人的香气。

## 水果有历史

在中国，香橼有很长的历史。成书于汉代的《异物志》和晋代的《广州记》中都提过"枸（jǔ）橼"这个名称，这是关于香橼的早期记载。经过长时间的选育和栽培，到唐朝时，一种特别的香橼变种被筛选了出来，它的果皮分裂如同手掌的模样，因而得名"佛手"。至于佛手的用途，除了闻香，也可以食用。比如在唐朝，人们会将它做成酱。

## 香橼好吃吗?

香橼并不是一种好吃的水果,它的果肉太硬,很少有人愿意咬,偶尔会被做成蜜饯。香橼香气十足,摆在房间里,整个屋子都是香香的。香橼还是柑橘家族的"元老"之一,它与酸橙"结合",培育出的"结晶"就是我们熟悉的柠檬了。

## 佛手没有果肉?

佛手也叫佛手柑,与香橼属于同一物种的它,自然也能散发出让人愉悦的香气。只不过,佛手的长相与最初的香橼完全不同,整个果子就像是一只五指并拢的手。如果把那些像手指一样的部分切开,你就会发现里面是没有瓤的。是不是很有意思?

## 佛手的变化

柑橘的果皮分为三层，分别是最外面富含挥发油的外果皮，中间像海绵一样松软的中果皮，以及内部分成许多瓣还带着"汁胞"的内果皮。通常来说，我们吃的都是柑橘的内果皮，当然也有用外果皮制作陈皮的新会柑，以及专门吃外果皮的金柑（广义上）这样的异类存在。而佛手的变化主要发生在外果皮和中果皮上，本来纺锤形的果实变成了有多个指头的新奇果子。

## 迷人的香气从何而来？

包括香橼在内的柑橘类水果都有一种迷人的特殊香气。这种共同的气味来自一种叫柠檬烯的物质。家用的厨房清洁剂有一股浓浓的柠檬味，就是因为里面有柠檬烯。柠檬烯虽然好，但是千万不能遇到气球，否则气球就会瞬间爆裂。这是因为柠檬烯可以迅速溶解气球中的橡胶，让气球破裂。

# 低调的柑橘家族"元老"

在日常生活中，香橼出场的机会并不多。然而，这个低调的物种却是今天所有柑橘产生的三大"元老"之一，其余两大"元老"分别是柚子和宽皮橘。要是论资排辈，香橼的资历还更老一些。它的祖先出现在 600 万年前，之后才有了柚子，而宽皮橘的祖先在 200 万年前才出现。

香橼

柚子

宽皮橘

杂交 杂交

青柠 橙子

杂交 杂交 杂交

西柚

柠檬 柑子

妙趣小厨房

## 识别假冒的香橼切片

市场上的很多香橼切片是用枳冒充的。枳的果实像一个圆圆的小橙子，只不过皮比橙子厚，果肉也比橙子酸得多，不是好吃的果子。枳和香橼的差别主要在于皮。枳的干燥外皮通常是绿褐色或者棕褐色，而香橼的外皮多半是黄色或者褐绿色。另外，真正的香橼有非常明显的香气，酸味也多于苦味。

# 橄榄（gǎn lǎn）

各种橄榄都长什么样？各自又有什么用呢？

## 橄榄

〔宋〕苏轼

纷纷青子落红盐，
正味森森苦且严。
待得微甘回齿颊，
已输崖蜜十分甜。

橄榄树长得很高，传说用盐擦，成熟的橄榄就能落下来。苏轼可能听说过这样的做法，所以在诗的开头写下了"纷纷青子落红盐"。"正味森森苦且严"是说新鲜的橄榄吃起来有些酸涩，就像在吃一个加了碱面的没有成熟的大枣。"待得微甘回齿颊，已输崖蜜十分甜"的意思是，比不上山崖间野蜂酿的蜜，要等到吃完后再喝白开水，才会发现白开水变甜了。

## 水果有历史

在中国，橄榄有 2000 多年的栽培和食用历史。晋代郭义恭写的《广志》一书中就介绍了橄榄。它大如鸡蛋，在产地多用来做下酒菜。为什么这种果子变成下酒菜了呢？在《南方草物状》中，我们就能找到答案，"生食味酢，蜜藏仍甜"。原来是因为橄榄鲜果太难吃了，又酸又涩，用蜜腌制才会变甜。橄榄树不仅可以产出果实，还是很好的防风树和行道树，毕竟它的个头高达 30 多米。橄榄树作为木材也很好用，可造船、做枕木，也可以制作家具和农具。

油橄榄枝　　　　　　　　橄榄枝

## 油橄榄

油橄榄跟橄榄一点儿关系都没有，油橄榄是木樨榄科木樨榄属的植物，原产于小亚细亚，后来在地中海区域广泛栽培。它的叶片和枝条上都有灰色鳞片，所以在远处看有些毛茸茸的感觉。联合国旗帜上的那个橄榄枝就是油橄榄的。它的果实可以用来榨油，就是我们熟悉的橄榄油了。

橄榄属还有一些特别的果实，比如生长在婆罗洲的黑橄榄果就有一种特殊的奶油风味，只是果子比较硬，需要用热水处理。因为富含蛋白质和矿物质，这种果子在雨林中也特别受猴子们欢迎。

余甘子的果
子和枝条

吃余甘子让人有种"苦尽甘来"的感觉

## 叫橄榄不是橄榄

**还**有一种滇橄榄,又叫余甘子。这个名字听起来有些艺术性,但是它入口一点儿都没有甘甜味,反而像苦瓜、青苹果、生柿子加上醋和盐混合在一起的味道,最突出的就是涩。不过,吃过它一段时间后再喝水,确实能感觉水变甜了,也算是体会到了"苦尽甘来"。

**作**为叶下珠的植物,滇橄榄能吃已经算是奇葩了,所以味道特别一点儿,也不算奇怪。

## 改变味觉的神秘果

**其**实,真正能改变人的味觉的果子是神秘果,这种水果中的特殊成分"神秘果素"会触动舌头上的味蕾,上演一出变酸为甜的"魔术"。所以,吃下神秘果之后再吃柠檬,那感觉就像在吃甜橙。别着急,两个小时之后,你的味觉就恢复正常了。

## 橄榄油的味道

**大**约 7000 年前，地中海地区的居民就开始栽培木樨榄了。栽培的初衷就是获取食用油料，而油的英文单词"oil"就来自油橄榄的名称。所以在中文里，木樨榄也被叫作"油橄榄"。

**成**熟的油橄榄果实中有大量的油脂，经过压榨就能获得。不过，要想榨出更多的油，就需要更大的压力。加压的时候，果肉会发热，橄榄油的香气会丢失，酸味会变得明显。所以，最高级的低温初榨橄榄油，是在装着空调的厂房里生产出来的。这样得到的橄榄油最少，但香气最足，所以售价也是最高的。

品质最好的橄榄油叫"特级初榨橄榄油"，是从成熟的油橄榄果子中硬生生挤出来的。

### 妙趣小厨房

## 橄榄的吃法

**橄**榄最佳的食用方法是用糖腌渍青果做成蜜饯。除了果肉，橄榄核中的种子也可以吃。五仁月饼中的重要一仁就是橄榄仁。

# 薜荔 (bì lì)

为了生存，薜荔有什么"小心机"？

## 九歌·湘君（节选）

〔战国〕屈原

驾飞龙兮北征，邅（zhān）吾道兮洞庭。

薜荔柏兮蕙绸，荪（sūn）桡（ráo）兮兰旌（jīng）。

望涔（cén）阳兮极浦，横大江兮扬灵。

**听我讲诗词**

这是《九歌》中祭湘君的诗，写的是湘夫人久盼湘君不来的思念和哀伤。湘夫人驾起龙船向北远行，转道去了优美的洞庭。她用薜荔作帘、蕙草作帐，用香荪为桨、木兰为旌。湘夫人眺望涔阳遥远的水边，大江也挡不住她飞扬的心灵。

**水果有历史**

不得不说，屈原恐怕是中国古代最喜欢薜荔的人。从他写的《离骚》中的"贯薜荔之落蕊"和《九歌·山鬼》中的"若有人兮山之阿，被薜荔兮带女萝"，都可以看得出来。屈原之所以这么喜欢薜荔，是因为在他看来，薜荔没有醒目的花朵，却能结出硕大的果实，有着与兰草同样内敛的气质。薜荔不仅拥有特殊的文化含义，还能做成许多美味的食物。在中国南方，用薜荔制作冰粉的历史已超过300年。台湾省的特色小吃"爱玉冻"其实也是用薜荔做成的，加上红糖水的薜荔果冻是夏天的绝佳冷饮。

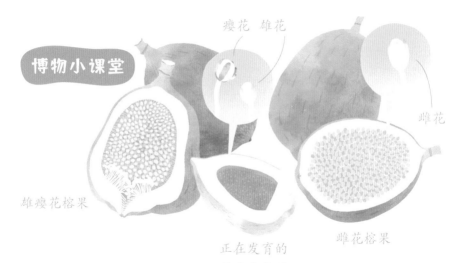

瘦花　雄花

雌花

雄瘦花榕果

正在发育的
雄瘦花榕果

雌花榕果

## 真果子，假果子

屈原未必了解薜荔的精明打算，薜荔的花朵不仅骗过了诗人的慧眼，还把那些为它传播花粉的昆虫骗得团团转。薜荔是中国本土最出名的"无花果"，拥有桑科榕属植物特别的隐头花序——诗人以为是果子的东西，在结构上等同于向日葵的花盘。只不过薜荔的花朵和果实（那些制作冰粉用的小颗粒）都如同包子馅儿一样被包裹了起来，只在顶端留有一个小孔。这个小孔是传播花粉的昆虫——榕小蜂进出的通道，对薜荔的开花、结果至关重要。

# 薜荔的"小心机"

我们制作冰粉的薜荔果，其实就是它的雌性无花果（榕果），这里面并没有多少榕小蜂。不过，薜荔为榕小蜂准备了雄瘿花的榕果。所谓瘿花，就是专门供榕小蜂产卵的花朵。榕小蜂的后代孵化出来之后，会在榕果里完成交配，这时新生代的榕小蜂妈妈就会从布满花粉的小孔里爬出，寻找新的榕果，完成生命的轮回。

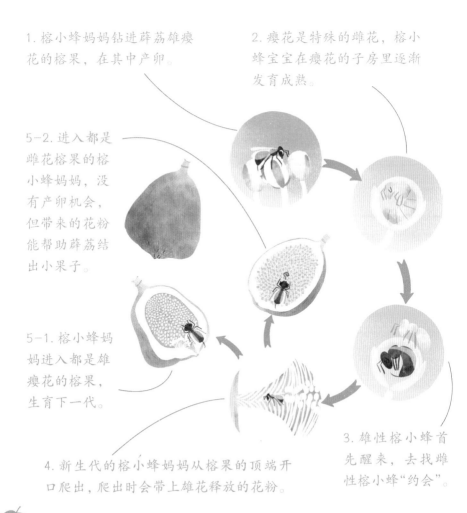

1. 榕小蜂妈妈钻进薜荔雄瘿花的榕果，在其中产卵。

2. 瘿花是特殊的雌花，榕小蜂宝宝在瘿花的子房里逐渐发育成熟。

5-2. 进入都是雌花榕果的榕小蜂妈妈，没有产卵机会，但带来的花粉能帮助薜荔结出小果子。

5-1. 榕小蜂妈妈进入都是雄瘿花的榕果，生育下一代。

3. 雄性榕小蜂首先醒来，去找雌性榕小蜂"约会"。

4. 新生代的榕小蜂妈妈从榕果的顶端开口爬出，爬出时会带上雄花释放的花粉。

## 制作美味的冰粉

1. 把薛荔的榕果切开晒干。

2. 把榕果里面的小颗粒刮下来，用纱布袋子装起来，在水中搓揉。

3. 当水变得黏糊糊的时候，用碗装好，放进冰箱冷藏至凝结成果冻状。

4. 吃冰粉时，可以添加红糖水和各种果仁配料。比较讲究的地方会用玫瑰糖为冰粉调味。

## 假酸浆冰粉

除了薛荔，假酸浆也可以制作冰粉。假酸浆同茄子、辣椒、西红柿一样，是茄科植物。它的果子并不好吃，成为制作冰粉的原料也许才是它最好的归宿。

与薛荔冰粉不同，假酸浆冰粉在制作时还需要加入少量石灰水。为什么要这样做呢？我们看到的冰粉并不是一块实心固体，其实更像一座大楼。多糖分子充当"钢筋"，它们"手拉手"形成了复杂的网络，把水分子限制在了"小隔间"中。石灰水中的钙离子能促使多糖分子"拉手"，所以点石灰水就成了必要步骤。

# 榅桲（wēn po）

榅桲又像苹果又像梨，那么，它是苹果还是梨呢？

## 彦思惠榅桲因谢（节选）

〔宋〕文同

秦中物专美，榅桲为嘉果。南枝种府署，高树立婀娜。

秋来放新实，照日垂万颗。中滋甘醴（lǐ）酿，外饰素茸裹。

**听我讲诗词**

宋代文同的这几句诗向我们介绍了榅桲这种水果。秦中有一种美物叫榅桲。榅桲树长得高大婀娜，秋天丰收的季节，树上结满了果子。果实像醴酒一样甘甜，甚是美味。榅桲既不像苹果，也不像梨；或者说又像苹果，又像梨。它有着苹果的身材和梨的味道，还有一层茸毛。直接吃的味道不是特别好，多数时候它都被加工成果酱或蜜饯。还有人会在房间里放一个榅桲，好闻闻它的香气。

**水果有历史**

榅桲原产于中亚和西亚地区，在晋代时传入中国。贾思勰在《齐民要术》中将榅桲列在《五谷、果蓏（luǒ）、菜茹非中国产者》卷里。《广志》曰："楔查，子甚酢（cù），出西方。"这里的"楔查"就是榅桲了。寥寥数笔描绘了榅桲的特征，从西方而来，果实非常酸。

榅桲花开得十分娇艳。

# 蔷薇家族里的"四不像"

与柑橘家族不同，蔷薇科的水果各具特性。比如苹果和梨，不仅在个头和外表上有区别，更重要的是它们"内心"完全不同。梨的果肉中有特别的石细胞，所以我们吃梨的时候总会有一些沙粒的感觉；而苹果家族则完全没有这些小颗粒，果肉要细腻许多。

榅桲倒真像是集合了苹果和梨的特点。它的果实个头不小，乍看之下像苹果，但是表面有很多茸毛，显然不是苹果的特征；它的果肉中有很多石细胞，这点上倒是像梨。不过，榅桲既不是苹果家族的成员，也不是梨家族的成员，而是蔷薇科榅桲属的植物，整个属就它"一根独苗"，足见这个物种的特殊性。

## 迷人的香气

榅桲带有果实的甜香和酒香。科学家在分析了四个榅桲品种之后发现，所有榅桲都拥有相同的产生花香和果香的化学成分。正因如此，它才有了迷人的香气。

古代
榲桲

## 毛果子究竟怎么吃？

**虽**然在中国不受待见，但是在西方，榲桲一直都很受重视。早在公元前7世纪，榲桲就已经在地中海沿岸广泛种植了。很多西方传说中的"金苹果"就是榲桲了。

**虽**然它的果实很硬，但还是有人琢磨出了食用方法。欧洲的大厨们认为加热可以软化果肉，减轻涩味，从而让榲桲的口感变得顺滑。此外，自带特殊香气的榲桲经常被加入苹果酱中，以丰富酱汁原有的风味。

梨形
榲桲

## 养胃的酸果子

**榲**桲拥有特殊的香气和酸味，还有适量的膳食纤维，很久之前就被用于治疗消化不良、食欲不振等症状。在近年来的研究中发现，榲桲中的化学物质能抑制胃酸分泌和胃蛋白酶活性，从而起到保护胃黏膜的作用。此外，研究人员还发现榲桲提取物可以抑制幽门螺杆菌的繁殖，在治疗因幽门螺杆菌引起的胃溃疡中有着潜在价值。这么看来，榲桲倒真是名副其实的消化良药了。

英国
榲桲

# 为什么榅桲会变红？

除了香气，榅桲还能为菜肴增添别样的色彩。榅桲切片和糖水煮后的汤汁颜色会从透明转变为粉红，最后再转变成半透明的深红色。这样的变色现象归功于榅桲中的多酚（fēn）物质。在熬制过程中，多酚物质发生化学反应后变红。煮绿豆汤的颜色变化也是同样的原理。

 制作榅桲果酱

1. 洗净榅桲，去皮去核，把果肉切成小丁。

3. 加入果肉，继续炖煮至颜色变成橙红，放凉后装瓶。

2. 锅里加水，与果皮、果核一起炖煮，滤掉果渣。

## 酸酸大不同

榅桲有让人印象深刻的酸味。蔷薇科果子的酸味既不同于柠檬的清冽，也不同于酸角的敦厚，而是一种带有清新感觉的醋味。虽然像醋酸，但是又比醋酸柔和很多。这都归功于果实中的苹果酸，正是它赋予了榅桲、木瓜和苹果这些蔷薇科果子特殊的酸味，也让这些果子在烹饪中占据了一席之地。

# ✳ 玉米实验室

作　　者：　史军，中科院植物学博士，"玉米实验室"科普工作
　　　　　　室创始人，科普图书策划人。中国植物学会科普工
　　　　　　作委员会成员，中国科普作家协会会员。

绘　　者：　傅迟琼，插画师，毕业于纽约时装学院插画专业。

科学审订：　顾垒，首都师范大学副教授，植物学博士。

主　　编：　史军
执行主编：　朱新娜
内文版式：　于芳

小读客

**小读客经典童书馆**

童年阅读经典　一生受益无穷

古诗词里的自然常识

# 蚂蚁搬家就会下雨吗?

陈婷　施奇静　著

春田　谭希光　绘

江苏凤凰文艺出版社

JIANGSU PHOENIX LITERATURE AND
ART PUBLISHING

图书在版编目（CIP）数据

蚂蚁搬家就会下雨吗？/陈婷，施奇静著；春田，
谭希光绘 . -- 南京：江苏凤凰文艺出版社，2022.9（2023.2 重印）
（古诗词里的自然常识）
ISBN 978-7-5594-6578-8

Ⅰ.①蚂… Ⅱ.①陈…②施…③春…④谭… Ⅲ.
①自然科学 – 儿童读物 Ⅳ.① N49

中国版本图书馆 CIP 数据核字 (2022) 第 168602 号

# 蚂蚁搬家就会下雨吗？

陈婷　施奇静　著　　春田　谭希光　绘

| | | |
|---|---|---|
| 责任编辑 | 丁小卉 | |
| 特约编辑 | 庄雨蒙　唐海培　李颖荷 | |
| 封面设计 | 吕倩雯 | |
| 责任印制 | 刘　巍 | |
| 出版发行 | 江苏凤凰文艺出版社 | |
| | 南京市中央路 165 号，邮编：210009 | |
| 网　　址 | http://www.jswenyi.com | |
| 印　　刷 | 河北彩和坊印刷有限公司 | |
| 开　　本 | 880 毫米 ×1230 毫米 1/32 | |
| 印　　张 | 11 | |
| 字　　数 | 111 千字 | |
| 版　　次 | 2022 年 9 月第 1 版 | |
| 印　　次 | 2023 年 2 月第 2 次印刷 | |
| 标准书号 | ISBN 978-7-5594-6578-8 | |
| 定　　价 | 159.60 元（全 4 册） | |

江苏凤凰文艺版图书凡印刷、装订错误，可向出版社调换，联系电话：010-87681002。

# 想读懂古诗词，先要读懂生活

咱们中国的古诗词美吗？当然美！

作为一个曾经做过语文试卷的人，你是不是也只是把这些赞美挂在嘴边而已？

既然古诗词是我们的文化瑰宝，既然我们都觉得古诗词是美好的语言，既然我们自认是中华文明的传承者，为什么还会有这样尴尬的情况出现呢？

因为我们离开古诗词已经太久了。不过，这种距离感不是时间带来的，而是认知带来的。

细想一下，你就会发现古诗词离我们并不遥远。一口气背诵上百首唐诗，一口气报出"李杜"的名号，这样的场景何其熟悉。然而，这些词句和知识即便经过了我们温热的双唇，也只是冷冰冰的文字组合，并没有成为我们生活的一部分，它们只是一些复杂的文字符号，读完后很快就消散在空气中。

训练记忆能力就是古诗词的全部价值吗？当然不是！

古诗词里有的是壮丽河川，古诗词里有的是花鸟情趣，古诗词里有的是珍馐美味，古诗词里有的是恩怨情仇……而这一切不正是所有我们喜欢听的故事的组成部分吗？

想象一下，如果古人也有抖音、微博、小红书这些社交平台，那么古诗词就是他们社交平台上鲜活的内容。古诗词的背后有着生

动的故事，有着难忘的回忆，还有着灿烂的文化传承。

当然，要想真正明白这些文字，我们确实需要一些知识储备。毕竟古诗词是古人创作智慧的结晶，他们用尽可能极致、简练的语言表达更多的内容和更悠远的意境。

你可能会抱怨：说了半天，还是不能解决问题啊。别着急，这正是《古诗词里的自然常识》的价值和意义所在。读完这套书，孩子会明白《诗经》中"投我以木瓜，报之以琼琚"的本义是滴水之恩，涌泉相报；读完这套书，孩子会明白"春蚕到死丝方尽"其实是一个生命轮回的必经阶段，蚕与桑叶割舍不断的联系在几千年前就注定了；读完这套书，孩子会明白古人如此看中葫芦这种植物绝不仅仅因为它的名字的谐音是"福禄"……

这正是我们力图告诉孩子的故事，这正是我们想让孩子了解的中国历史和自然常识！

有趣生动的故事、色彩鲜明的插画、幽默活泼的文字是有效传递这些思考和理念的扎实的基础。看书不仅仅是看词句，更重要的是体会古诗词作者的生活，真正理解这些古代的好评量极高的社交内容。

从今天开始，不要让古诗词成为躺在课本上的文字符号；从今天开始，让我们一起找回古诗词原有的魅力和活力！

让古诗词成为我们知识的一部分吧，让古诗词成为我们话语的一部分吧，让古诗词真正成为我们生活的一部分吧。

想读懂古诗词，先要读懂生活。这就是我们想告诉你的事情。

中科院植物学博士　史军

蜉蝣

# 目 录

萤

蚕

蛱蝶

螳螂

蜻蜓

蜜蜂

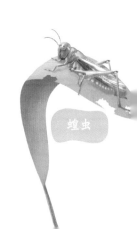

蝗虫

# 古诗词里的虫儿

# 萤（yíng）

萤火虫是腐草变的吗？它一生都能发光吗？

## 秋夕

〔唐〕杜牧

银烛秋光冷画屏，轻罗小扇扑流萤。

天阶夜色凉如水，卧看牵牛织女星。

雄萤的腹面

雄萤的背面

**这**首诗写的是一个孤单的宫女，夜晚独自坐在冷清的宫殿。她看着银烛的烛光映着冷清的画屏，手执绫罗小扇扑着萤火虫；夜色里的石阶清凉如水，她静卧着，凝视天河两旁的牵牛星和织女星。

## 虫儿有历史

头，萤火虫的头上长着复眼。

**古**人认为萤火虫由草腐烂变化而来。这种说法源自《礼记》中的"腐草为萤"，《吕氏春秋》里也说："腐草化为蚈（qiān）。"这里的"蚈"就是萤火虫的意思。后来，这种说法两千多年一直没有变过。由于古人对事物的认识水平有限，人们又在最热的夏天看到成群的萤火虫从草丛里飞出，所以有这样的想法也不奇怪。

胸

腹，萤火虫的腹部长着发光器。

## 会发光的甲虫

**萤**即会发光的甲虫，狭义的萤火虫单指鞘（qiào）翅目萤科。它们靠腹部的发光器来发出点点荧光。中国常见的萤火虫有发绿光的黑翅萤、发黄光的穹宇萤等。

萤火虫发出的光很微弱，只在夜晚发光。它们对环境非常敏感，只生活在水源干净、植被茂盛的地方。《秋夕》中的宫殿本来是热闹的人类居所，却能见到萤火虫飞舞，可见这座宫殿非常冷清。

## 萤火虫一生都能发光吗？

萤火虫是完全变态的昆虫，在发育中经过卵、幼虫、蛹和成虫这四个阶段。除了一些适应于白天强光下活动的种类，其他种类的卵、幼虫、蛹和成虫都可以发光。不过，萤火虫在不同时期发光的作用是不同的。幼虫发光能够警告天敌，告诉对方"我有毒，别来吃我"；成虫发光能够吸引异性，完成繁殖的重任。

每种萤火虫都有自己独特的闪光频率或飞行模式，它们能够互相辨认。我们见到的在空中飞舞的萤火虫大多是雄萤。雌萤不会飞，甚至很多还保留着幼虫的形态，它们就趴在草丛中闪光，等着同种的雄萤读懂信号朝自己飞过来。

### 萤火虫的生长发育

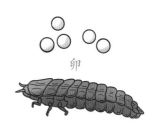

卵

萤火虫的幼虫吃蜗牛、蛞蝓（kuò yú）等动物。

许多萤火虫的蛹都会发出淡淡的光。

萤火虫的成虫靠发光求偶。

大部分萤火虫为陆生昆虫。

# 萤火虫吃什么？

萤火虫的成虫寿命很短，只有一周左右，它们基本不吃东西，或者只吃点儿花粉、花蜜。但有一类萤火虫很特别——妖扫萤属的萤火虫。这个属的雌萤会模仿其他萤火虫的闪光模式来吸引雄萤，等雄萤兴冲冲地飞过来就快速吃掉它！而雌萤吃雄萤可以获得一种叫"萤蟾素"的毒素，它产下的卵也含有萤蟾素，这种物质可以保护自己和后代不被天敌吃掉。

萤火虫的幼虫是很厉害的捕食者，是妥妥的肉食动物。水栖的萤火虫幼虫会捕食贝类等，陆栖的萤火虫幼虫则捕食蜗牛和蛞蝓等。

## 自然放大镜

## 萤火虫的幼虫怎么捕食蜗牛？

观察过蜗牛的人可能知道，蜗牛爬过的地方会留下黏液的痕迹，这也给萤火虫的幼虫留下了追踪的途径。萤火虫的幼虫找到蜗牛后，先爬上蜗牛壳，用6条腿紧紧抓住蜗牛，再攻击蜗牛的触角并注入"麻醉剂"。等蜗牛不动了，萤火虫的幼虫就分泌消化液到蜗牛的身上，把蜗牛肉消化成肉汤，再大口吸入。

# 蜻蜓（qīng tíng）

随意飞、空中悬停、倒着飞……蜻蜓为什么是"飞行王者"？

## 小池

〔宋〕杨万里

泉眼无声惜细流，
树阴照水爱晴柔。
小荷才露尖尖角，
早有蜻蜓立上头。

蜻蜓的成虫

听我讲诗词

这是一首描写初夏池塘景色的清新小诗，诗中描绘的景色宛如一幅画呈现在我们的眼前。泉眼静悄悄的，没有一丝声音，是因为舍不得细细的水流，映在水里的树阴喜欢这晴天里柔和的风光。荷花苞小小的，刚从水面露出尖尖的角，没想到，便有一只小蜻蜓立在了它的上头。

**蜻**蜓很早就引起了中国古人的注意。商代的青铜卣（yǒu）的铭文上就有关于蜻蜓的图像。《淮南子·齐俗训》中说："水蛊（chài）为蟷（máo）薒（wáng）。"意思是水蛊长大了会变成蜻蜓。也就是说人们早就

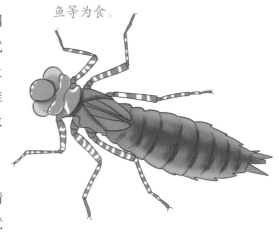

蜻蜓的幼虫——水蛊，生活在水中，以水中的昆虫、小鱼等为食。

知道，蜻蜓是由生活在水里的幼虫变来的，这种幼虫叫"水蛊"。那"蛊"又是什么意思呢？《说文解字》里说："蛊，毒虫也。"蜻蜓幼虫的尾末有 2～3 根尾鳃，有的尾鳃长，有的尾鳃短，看上去像蝎子。再加上蜻蜓的幼虫性情凶猛，喜欢捕食水中的昆虫，也与蝎子的习性相似。所以，蜻蜓被称作"水蛊"也就不难理解了。

## "飞行王者"

**蜻**蜓作为最古老的昆虫之一，已经在地球上存活了几亿年。它们的飞行能力也进化到了顶尖的水平，堪称"飞行王者"。蜻蜓不仅可以朝任何方向飞，还能在空中悬停、倒着飞，飞行时还能 180° 急转弯。它们的耐力和速度也是非常优秀的，蜻蜓的平均飞行速度可达 50 千米 / 小时，其中的佼佼者——黄蜻，甚至可以飞越印度洋，每年的飞行距离可达 17 700 千米。

# 什么是"蜻蜓点水"？

蜓的成虫擅长飞行，它们经常在水边出现。部分蜻蜓甚至会在水面上产卵，所以才有了常见的"蜻蜓点水"的现象。我们不太容易见到蜻蜓的幼虫，因为它们几乎都生活在水中。"早有蜻蜓立上头"的"蜻蜓"是蜻蜓的成虫，它是幼虫在数月到数年的时间里经历了10次左右的蜕皮，最终长出翅膀，羽化而成的。诗人用一个"早"字，告诉我们蜻蜓仿佛迫不及待要长大，勾画出初夏的勃勃生机。

和萤火虫不同，蜻蜓是不完全变态的昆虫，从幼虫蜕变为成虫的过程中不经历蛹期。蜻蜓幼虫刚孵化出来的时候没有足，在第一次蜕皮之后才长出足和触角。

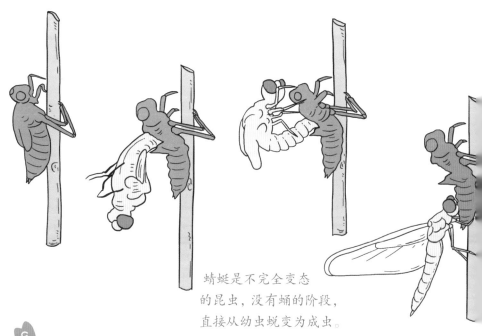

蜻蜓是不完全变态的昆虫，没有蛹的阶段，直接从幼虫蜕变为成虫。

# 蜻蜓平稳飞行的"秘诀"

蜻蜓平稳飞行的"秘诀"主要在于它四片宽大而轻薄的翅膀。仔细观察，我们可以看到蜻蜓的翅膀上面有很多像叶脉一样的结构，叫"翅脉"，翅脉把翅膀分为许多个四边形、五边形和六边形，这让蜻蜓的翅膀更加坚韧。此外，它每片翅膀的前缘靠外的地方都有一小块深色的结构，叫"翅痣"。这块不仅颜色深，而且结实，能够消除飞行过程中的"颤振"（当飞行速度达到一定值时，空气动力和结构弹性振动的相互影响会使飞行器产生一种自激振动，这种振动会造成灾难性的后果），使蜻蜓的飞行更加平稳。

另外，蜻蜓的四片翅膀均由单独的肌肉独立控制，飞行时互不干扰，所以蜻蜓才能随意调整飞行方向，做出各种高难度的飞行动作。

## 自然放大镜

## 蜻蜓仿生学

人们从蜻蜓身上学到了很多知识，研发了很多仿生设备。比如，直升机可以在空中悬停就是得到了蜻蜓等昆虫的启发。还有借鉴蜻蜓的翅痣而发明的装置，在飞机机翼末端的前缘，像打补丁一样各加了一块类似翅痣的长方形金属板，这种装置被称为"颤振抑制装置"，保证飞机在高速飞行时不会出现机翼颤振甚至断裂的事故。

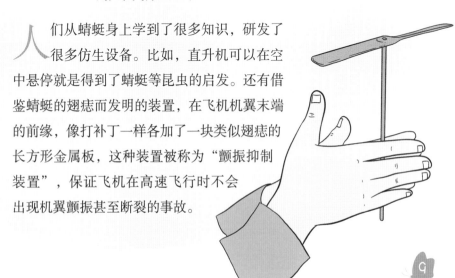

# 蚂蚁（mǎ yǐ）

多少只蚂蚁可以搬动大树？蚂蚁搬家就会下雨吗？

## 调张籍（节选）

〔唐〕韩愈

蚍蜉（pí fú）撼大树，

可笑不自量！

伊我生其后，

举颈遥相望。

## 听我讲诗词

这是韩愈非常有名的一首诗，诗人大力夸赞李白和杜甫两位大诗人的成就。对于那些无法欣赏甚至还贬低李杜二人诗篇的人，韩愈认为他们就像蚂蚁企图摇撼大树，也不估量一下自己。虽然诗人生活在李杜之后，但他常常追思并且仰慕着他们。蚍蜉是大蚂蚁，蚂蚁想要搬动大树是很可笑的。现在，"蚍蜉撼树"这个成语常用来比喻不自量力。

卵

幼虫

蛹

成虫

**虫儿有历史**

**在**古代，蚂蚁可以做成非常珍贵的食物。《礼记·内则》中就有"蚳醢（chí hǎi）"的说法，蚳是蚂蚁的卵，醢是肉酱，可见蚳醢就是用蚂蚁卵做的酱，还是专门给天子食用的珍贵食物呢！要注意的是，并不是每一种蚂蚁都能吃，很多种类的蚂蚁都是有毒的。

## 多少只蚂蚁可以搬动大树？

**蚂**蚁是膜翅目蚁科昆虫的通称，一般没有翅膀，在地面生活。最大的蚂蚁体长也不超过 4 厘米。那么"蚍蜉撼大树"真的是不自量力吗？我们常常看到蚂蚁能搬动比自己大很多倍、重很多倍的东西。最近的一项科学研究表明，人们还是太小瞧蚂蚁了，它们能举起相当于自身体重 5000 倍的东西！如果按一只蚂蚁 0.01 克、一棵大树 100 千克来计算，那么理论上来说，2000 只蚂蚁就可以搬动一棵大树了！而一窝蚂蚁少则数百只，多则上万只，所以一个大的蚂蚁群都不需要全部出动就可以搬动大树了。

# 蚂蚁的负重是怎么算出来的?

　　了研究蚂蚁的负重究竟有多少,一群工程师做了实验。他们用电子显微镜观察蚂蚁,用微型 CT 给蚂蚁拍 X 光片,再把蚂蚁麻醉后以头朝下的姿势粘到特制的离心机里,来测定蚂蚁身体承受极限时力的大小。实验分析可知,当离心力相当于蚂蚁体重的 350 倍的时候,蚂蚁的脖子关节和身体变形;当离心力达到蚂蚁体重的 3400～5000 倍的时候,蚂蚁会因为头部和身体分离而死去。

蚂蚁群体中有明确的角色分工。

工蚁负责寻找食物、照顾幼虫等工作,工蚁内部还会根据年龄再做分工。

蚁后体型大,负责和雄蚁交配产下后代。

# 蚂蚁为什么是大力士？

微型 CT 扫描结果显示出蚂蚁脖子的软组织结构以及这些软组织结构是如何与头部、胸部坚硬的外骨骼相连接的。电子显微镜中能看到蚂蚁的头和胸部之间的所有部分都覆盖着不同的微小结构，这些结构像肿块或者毛发，也许可以调节软组织与外骨骼的连接方式，减小压力，或者产生摩擦力，又或者支撑其他正在动的部分。不过，真正让蚂蚁如此强大的还是它们有组织、有纪律的社会性。

兵蚁负责看守蚁巢。

**自然放大镜**

## 蚂蚁搬家就会下雨吗？

蚂蚁是"天才建筑师"，蚁穴有着良好的通风系统，即便在炎炎夏日，也可以靠着自然风换气。蚁穴上方通常都有一小堆土，能避免下雨时积水流入蚁穴中。但是，如果遇到大雨，蚂蚁们也只能弃巢逃跑。不过，蚂蚁搬家并不一定是因为下雨，房子不够住了，也得搬家。

# 蜜蜂（mì fēng）

所有蜜蜂都是吃花蜜的吗？还有伪装成蜜蜂的苍蝇？

## 偶步

〔清〕袁枚

偶步西廊下，幽兰一朵开。

是谁先报信，便有蜜蜂来。

蜜蜂是传粉的
"能手"。

74

**这**是一首非常清丽的小诗。诗人袁枚偶然走到西廊下，看到角落里一朵兰花正静静地绽放。这时，蜜蜂凑上前来，诗人便感叹是谁把花开的消息说与蜜蜂了，不然这小家伙怎么早早就赶来了呢？

## 虫儿有历史

**蜜**蜂可以泛指蜜蜂总科的很多种昆虫。它们有着一大一小两对膜质的翅膀，六条腿看起来比较粗短，最后一对足上覆盖着浓密的毛，这对足叫"携粉足"。当蜜蜂在花朵里用针一样的"尖嘴"采花蜜的时候，身上也会粘上很多花粉，它们会把花粉抖落下来，放到携粉足的"花粉筐"里并运回蜂巢。

**在**古代，中国最常见的是中华蜜蜂。早在东汉时期，就有人开始驯养中华蜜蜂了。现如今，人工饲养的蜜蜂主要是意大利蜜蜂，由于外来蜂种的引入，中华蜜蜂的生存状况受到了严重影响，活动空间逐渐缩小，这点需要大家特别关注。

## 蜜蜂家族

**大**多数蜜蜂以蜂巢为单位聚集，蜂王（雌蜂）和雄蜂负责繁殖，工蜂负责采蜜、防御等事务，能以特殊的飞行动作传递信息。蜜蜂也是完全变态发育的昆虫，幼虫在成为成虫之前由工蜂成虫负责照顾。虽然一个蜂群有上万只工蜂，但它们平常分散到不同的地方去采蜜，"游蜂"就是单独游走的工蜂。

## 蜜蜂的生长发育

3 天后, 幼虫从卵中孵化出来, 吃王浆、花粉、蜂蜜, 不断变胖、变大。

蜂王 (雌蜂) 将卵产在巢室内。

幼虫化蛹才会变成成虫。

一颗卵变成成虫需要 21 天。

## 所有蜜蜂都是吃花蜜的吗?

学家发现有吃腐肉的蜜蜂, 叫"秃鹫蜜蜂", 这个名字就说明了它们和秃鹫一样喜欢吃腐肉。秃鹫蜜蜂属于无刺蜂属, 这个属有三种蜜蜂都吃腐肉。它们也和其他蜜蜂一样住在蜂巢里, 后腿上也有"花粉筐", 只不过是用来装肉的, 它们把这些肉带回巢里喂给幼虫, 还会产生类似蜂蜜的物质。

## 伪装成蜜蜂的苍蝇

身上有黑黄相间的条纹、喜欢在花丛中采蜜的不只蜜蜂，还有蝇。不过这类蝇不是我们常见的苍蝇，而是食蚜蝇。食蚜蝇长得确实很像蜜蜂，它们通过模拟蜜蜂的形态来保护自己，因为蜜蜂在昆虫中是狠角色，屁股上有刺，还有毒素。食蚜蝇把自己伪装成蜜蜂，就没有天敌敢来惹自己了。正如它的名字一样，食蚜蝇的幼虫多以蚜虫为食（也有不吃蚜虫的种类），成虫则和蜜蜂一样，以花粉、花蜜为食。

自然放大镜

## 怎样分辨蜜蜂和食蚜蝇？

虽然长得像，但是蜜蜂和食蚜蝇还是有区别的。怎么分辨呢？一是看触角，蜜蜂的触角长，而食蚜蝇的触角短短的；二是看翅膀，蜜蜂有两对翅膀，食蚜蝇只有一对；三是看后足，蜜蜂的后足粗壮，食蚜蝇的后足纤细；四是看眼睛，蜜蜂的眼睛小，食蚜蝇的眼睛大。

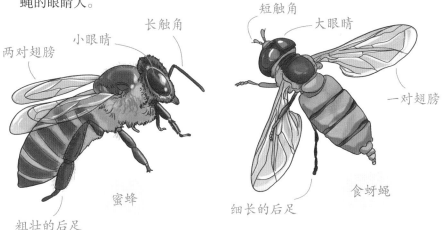

短触角　　大眼睛

长触角

小眼睛

两对翅膀

一对翅膀

蜜蜂

食蚜蝇

粗壮的后足

细长的后足

现在，你能分清了吗？

# 蛱蝶（jiá dié）

诗词里的蛱蝶是我们平常看见的蛱蝶吗？
我们身边有哪些独特的蛱蝶？

## 曲江二首·其二

〔唐〕杜甫

朝回日日典春衣，每日江头尽醉归。

酒债寻常行处有，人生七十古来稀。

穿花蛱蝶深深见，点水蜻蜓款款飞。

传语风光共流转，暂时相赏莫相违。

黄蝶

菜粉蝶

听我讲诗词

这首诗将春日的蝴蝶和蜻蜓写得栩栩如生。诗人典当了春衣，换钱买酒喝，喝醉了才肯回家。即便是穷到要靠典当度日，春天来了，也不能典当春衣吧？可见，其他的早都被典当完了。难道酒喝太多了，不伤身体吗？恐怕诗人郁郁不得志，也顾不了那么多。毕竟对古人来说，活到七十岁的人也少有。看那蝴蝶在花中穿行飞舞，蜻蜓点水产卵，美得让人陶醉。好好欣赏吧，哪怕春光只是短暂停留，可别连这点儿心愿也无法达成啊！

虫儿有历史

历史上最有名的关于蝴蝶的典故要数"庄周梦蝶"了。《庄子·齐物论》中写道："昔者庄周梦为胡蝶，栩栩然胡蝶也……不知周之梦为胡蝶与？胡蝶之梦为周与？"庄子梦见自己变成了一只蝴蝶，翩然起舞，四处遨游。不过他不知道是自己变成了蝴蝶，还是蝴蝶变成了自己，物我两忘，令人神往。看来，蝴蝶在中国人的记忆中还有着自由和美好的寓意。

**虽**然蛱蝶很容易被认出来，但也很难说杜甫诗中的"蛱蝶"就是我们常见的、只能看到4条腿的蛱蝶。从同时代，甚至晚至清朝的绘画作品来看，以蛱蝶为名的画作里也可能出现其他蝴蝶。

蛱蝶看上去只有4条腿。

## 蛱蝶特别的足

蛱蝶特指凤蝶总科中的蛱蝶科。大多数蛱蝶有个非常特别的地方，就是它们的足。你可能知道，大多数的昆虫都有6条腿，而绝大多数种类的蛱蝶前足是缩起来的，很小，很难观察到。无论在飞行还是停歇的时候，我们都只能看到它们的中、后两对足。

## 蛱蝶科有哪些独特的种类？

雄性
大紫蛱蝶

### 大紫蛱蝶

**大**紫蛱蝶的体型在蝴蝶中算大的，翅膀展开约10厘米。雄蝶的翅膀正面有大块带有金属光泽的蓝紫色斑块，约占整个翅面的二分之一，边缘和背面则是灰黑色，上面点缀着白点圆斑，在后翅靠近屁股的地方还有一个橙红色小斑块，十分美丽。但雌蝶的翅膀没有亮丽的蓝紫色斑块，与雄蝶相比暗淡了不少。

## 枯叶蛱蝶

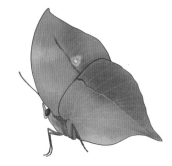

顾名思义，枯叶蛱蝶是一种长
得像干枯叶子的蛱蝶。当它把
双翅合起来，一动不动的时候，真的就
像是一片枯叶，从颜色到叶脉，甚至连
枯叶破损、长霉、发烂的地方都模拟到
位了，堪称惟妙惟肖。但别以为它就如
此不起眼儿了。当它展开翅膀的时候，
简直和平时"判若两蝶"。它翅膀的正
面有着美丽的颜色和斑纹，前翅从前缘
中部到后角有一道鲜艳的橙色宽条纹，
翅面还会随季节的不同闪着深蓝色、蓝
紫色或淡蓝色的光。

枯叶蛱蝶
的背面

枯叶蛱蝶
的腹面

## 猫蛱蝶和豹蛱蝶

蛱蝶和猫、豹有什么关系？其实是这两个属的蛱蝶翅膀上都有
橙黄色的底色和黑色的斑点。虽然它们非常像，但是细看起
来还是有区别的，大概只有专业的分类学家才能准确分辨出来。不
过，某些种类的豹蛱蝶翅膀上还有其他颜色，比如，青豹蛱蝶和绿
豹蛱蝶的翅膀上就有青色和绿色的斑点。

猫蛱蝶

豹蛱蝶

# 蚕（cán）

蚕宝宝为什么爱吃桑叶？蚕是怎么吐丝的？

## 无题（节选）

〔唐〕李商隐

相见时难别亦难，东风无力百花残。

春蚕到死丝方尽，蜡炬成灰泪始干。

蚕蛾

我们喜欢吃的桑葚

蚕宝宝喜欢吃的桑叶

这是诗人李商隐众多作品中非常有名的一首，情真意切，将痛苦、失望而又缠绵、执着的情感表达得淋漓尽致。相见很难，离别更难；暮春时节东风无力，百花残败，美好的春光即将逝去。这份眷恋之情如同春蚕吐丝一样，直到死的那一刻才吐完；就像燃烧的蜡烛滴下的蜡油一样，直到烧成灰烬的那一刻才滴干。

## 虫儿有历史

养蚕缫（sāo）丝起源于中国，并且历史悠久。相传嫘（léi）祖发明了种桑养蚕之法，并传授给大家。嫘祖是西陵氏的女儿、黄帝的妃子。不过，这种说法出现得比较晚，大约到了宋代才流行，更可靠的证据来自考古发现。考古学家先后在仰韶遗址、河姆渡遗址、钱山漾遗址中发现了一些重要的文物和证据，证明早在几千年前，中国人就会养蚕缫丝了。2016 年，考古学家通过对河南贾湖史前遗址的发掘，发现了蚕丝蛋白的残留物，这一发现将养蚕缫丝出现的时间推到了大约 8500 年前。

## "娇生惯养"的蚕宝宝

经过上千年的人工选育，家蚕与蚕属的其他成员已经有了很大的变化：一是食量大，"蚕食"这个词语就专门用来形容像蚕吃桑叶那样一点一点地吃掉的侵占行为；二是"娇生惯养"，家蚕的成虫不会飞，通体雪白，基本丧失了野外生存能力。

# 蚕宝宝为什么爱吃桑叶？

不少小朋友都养过蚕，都知道蚕宝宝对桑叶情有独钟。那么，为什么蚕宝宝这么爱吃桑叶呢？科学研究发现，秘密在于其身体中的苦味受体基因 GR66。科学家们通过实验获得了纯合的 GR66 基因突变体，他们发现，在正常的饲养条件下，突变体蚕宝宝一切都正常，唯独食性发生了变化，除了桑叶，它们还会吃多种新鲜水果和谷物的种子。而没有突变的野生型蚕宝宝只吃桑叶或者含有桑叶成分的饲料。也就是说，GR66 基因是抑制蚕宝宝食性的因素，突变体的抑制作用消失，蚕宝宝就能吃多种食物了。这个发现对养蚕业来说非常有意义。蚕宝宝的食性变广，桑叶的供应量短缺也就不会成为养蚕的制约因素了。

## 蚕是怎么吐丝的？

蚕的体内有一个比较复杂的"造丝工厂"——丝腺。蚕丝就是在丝腺内合成和分泌的。根据形态和性能，蚕的丝腺被分为四个部分：后部丝腺、中部丝腺、前部丝腺和吐丝器。蚕丝主要由丝素蛋白和丝胶蛋白两部分组成，后部丝腺分泌丝素蛋白，中部丝腺分泌丝胶蛋白。那前部丝腺有什么作用呢？前部丝腺对丝蛋白进行初加工，通过一系列复杂的力学作用，使丝蛋白逐渐拉伸和凝胶化。伴随着这个过程，丝蛋白的分子结构也发生了变化。最后，丝蛋白溶液进入吐丝器。蚕吐丝时，头部会抬起来，并不停地左右摆动，将成熟的丝蛋白从吐丝孔中吐出来，就形成了蚕丝。

## 蚕宝宝的一生

从卵里孵化出来的幼虫又黑又小，像蚂蚁，所以叫"蚁蚕"。随着成长和蜕皮，蚕逐渐变得又白又胖。经过四次蜕皮后，蚕停止摄食，开始吐丝、结茧，准备化蛹。

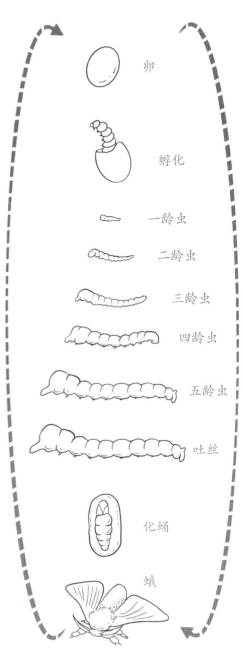

卵

孵化

一龄虫

二龄虫

三龄虫

四龄虫

五龄虫

吐丝

化蛹

蛾

蚕的幼虫要经过 4 次蜕皮，变成五龄虫后才开始吐丝。

# 蛾（é）

飞蛾扑火真的是因为"傻"吗？用灰扑扑的蛾形容美人合适吗？

## 梁书·到溉传（节选）

〔唐〕姚察、姚思廉

研磨墨以腾文，笔飞毫以书信。如飞蛾之赴火，岂焚身之可吝（lìn）！必耄年其已及，可假之于少荩（jìn）。

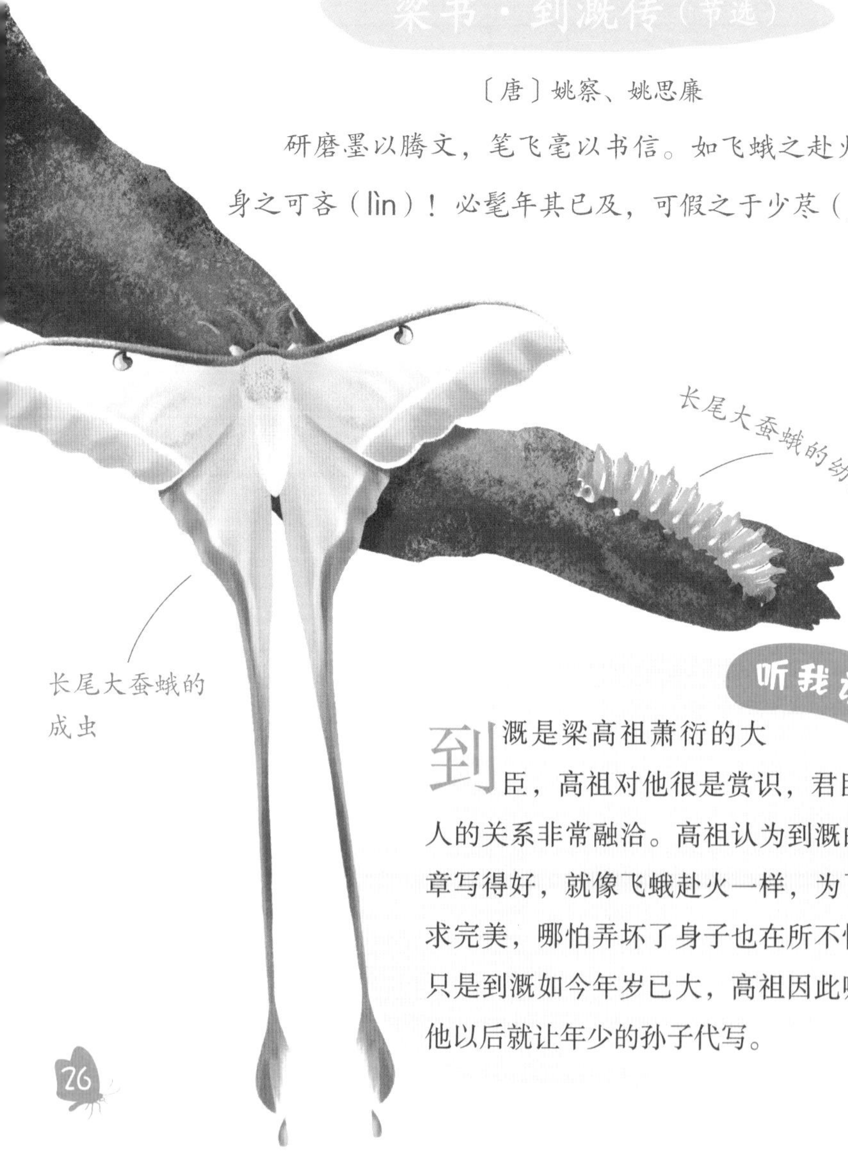

长尾大蚕蛾的幼虫

长尾大蚕蛾的成虫

**听我讲文言**

到溉是梁高祖萧衍的大臣，高祖对他很是赏识，君臣二人的关系非常融洽。高祖认为到溉的文章写得好，就像飞蛾赴火一样，为了追求完美，哪怕弄坏了身子也在所不惜。只是到溉如今年岁已大，高祖因此嘱咐他以后就让年少的孙子代写。

古人常在夜晚看见飞蛾扑向烛火，结果落得焚身而亡的下场。于是有了"如飞蛾之赴火，岂焚身之可吝"这样的感叹，也有了"飞蛾扑火"这个成语，但其实这只是古人的误解而已。

## 为什么飞蛾会"扑火"?

古时候没有电灯，大都以火照明，结果飞蛾朝着光明而去，却被烧死，这可不是飞蛾想要的结果。许多昆虫都有趋光性，既有向着光源的正趋光性，也有躲避光源的负趋光性，飞蛾显然是一种有正趋光性的昆虫。

蛾类多在夜间活动，常有趋光性。

飞蛾只是单纯地喜欢光明吗？现代科学研究认为飞蛾其实是利用光线来导航。自然情况下，飞蛾利用月光、星光来找到方向。因为天体离我们很远，基本可视为平行光，飞蛾只需要与这些平行光保持一定的夹角就可以朝着一个方向飞。但是人造光源（烛火、电灯等）的距离近，是一种点光源，光线呈放射状。飞蛾在黑夜里看到一个明亮的人造光源，本能地会按照与光线保持固定夹角的方式飞行，结果它的飞行轨迹就变成了螺旋状，跌跌撞撞地飞向了光源。现在，你知道"飞蛾扑火"的真正原因了吗？

# 蛾眉是什么眉？

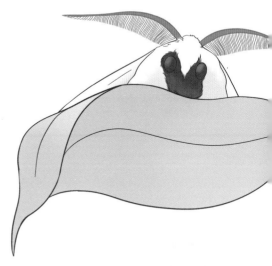

唐代诗人温庭筠在《菩萨蛮》里写道："懒起画蛾眉，弄妆梳洗迟。"怎么，蛾还有眉毛吗？蛾当然没有眉毛了，但是它有触角。蛾的触角细长而弯曲，上面还有横着的短毛，就像羽毛一般，也像人的眉毛，所以古人把美人的眉毛称作"蛾眉"，渐渐也用蛾眉来代指美人。触角的形状也是区分蛾与蝶的关键，蝶的触角是长棒状的。

蛾的触角看起来毛茸茸的，很舒展，是不是很美？

# 蛾究竟美不美？

常见的蛾都是灰扑扑的，而且大都在晚上活动。用它来形容美人真的合适吗？很多蛾确实又小又不起眼儿。比如，过段时间打开没有密封的装大米的袋子，从里面会飞出来一些蛾，那就是米蛾，既不好看，又让人厌恶。但是蛾中也有非常美丽的种类。比如，世界上最大的蛾——乌桕（jiù）大蚕蛾，还有仙气飘飘的绿尾大蚕蛾，以及美丽却有毒的马达加斯加金燕蛾。

乌桕
大蚕蛾

马达加斯加
金燕蛾

绿尾
大蚕蛾

# 蛾的生活档案

生命周期:

卵孵化成幼虫,幼虫经过
多次蜕皮、吐丝、结茧,
蜕变成蛹。蛹在茧里发育
成蛾破茧而出。大部分的
蛾在死前交配,雌蛾把卵
产在它们幼虫期爱吃的叶
子上,这片叶子将成为新
生幼虫的第一顿饭。

行为习性:

多在夜间活动,常有
趋光性。

食物:

绝大多数的幼虫吃植物。它们
或吃植物的叶子,或钻进树干,
靠吸食树干的营养来生存。土
壤中的幼虫会咬食植物的根部
等。成虫取食花蜜,可以给植
物传粉。

# 蟋蟀 (xī shuài)

斗蟋蟀这种活动是怎么来的？蟋蟀为什么叫"促织"？

## 夜书所见（节选）

〔宋〕叶绍翁

萧萧梧叶送寒声，江上秋风动客情。

知有儿童挑促织，夜深篱落一灯明。

斗蟋蟀是一种非常传统的游戏。

这首诗是诗人客居异乡，感时伤怀所作，抒发了深深的思乡之情。萧瑟的秋风吹打着梧桐的叶子，像是在诉说着丝丝寒意。寒风掠过江面，让诗人不禁思念起久别的家乡。诗人忽然看到远处篱笆下的一点儿灯火，料想应该是孩子们在捉蟋蟀，更勾起诗人对童年的回忆。在这首诗里，"促织"便是蟋蟀。

## 虫儿有历史

古时候，人们发现两尾蟋蟀（雄性与雌性的区别在于雄性的屁股上有一对尾须，而雌性除了有尾须，还有一根长长的产卵管）十分好斗，因而发明了斗促织的娱乐活动。

这项活动到宋朝开始兴盛，南宋的宰相贾似道因酷爱斗促织，人称"蟋蟀宰相"，甚至还写出了世界上第一部专门研究蟋蟀的《促织经》。到了明清时期，斗促织更是上自天子，下至平民百姓都爱的休闲活动。明朝文人蒋一葵在《长安客话·斗促织》中写道："京师人至七八月，家家皆养促织……瓦盆泥罐，遍市井皆是，不论老幼男女，皆引斗以为乐。"清朝小说家蒲松龄在《聊斋志异》中也写过关于促织的故事，其中记载："宣德间，宫中尚促织之戏，岁征民间。"

## 雄蟋蟀为什么好斗?

蟋蟀好斗是因为它们平时都是独来独往,并且有很强的领地意识,一旦有其他雄性靠近自己的领地,双方就可能打起来。雄蟋蟀只有在繁殖的季节才会出去寻找异性,此时如果其他雄性也在场,一场恶战恐怕避免不了。人们利用雄蟋蟀的这个习性,把两只雄蟋蟀放在一个小罐子里,让它们逃无可逃,看它们彼此争斗。不过它们并不是一上来就开打,而是先鸣叫警告一番,再加上人们用草或马鬃毛在一旁撩拨,两只雄蟋蟀就撕咬起来,直到一方落败而逃,这场争斗才算结束。

# 听听蟋蟀的声音

蟋蟀是直翅目昆虫中的一科，也叫"蛐蛐"。古人很早就开始观察和饲养蟋蟀了。最早关于蟋蟀的记载见于先秦时期的《诗经》。五代时期的作品《开元天宝遗事》记载了唐朝宫中养蟋蟀的趣事："每至秋时，宫中妇妾辈，皆以小金笼捉蟋蟀，闭于笼中，置之枕函畔，夜听其声。庶民之家皆效之也。"一开始，人们养蟋蟀是为了"听其声"。雄蟋蟀成虫的前翅上有发音器，由翅脉上的刮片、摩擦脉和发音镜组成。雄蟋蟀举起前翅，左右摩擦，就能带动发音镜振动，从而发出声音。古人觉得蟋蟀发出的声音有点儿像织布机，并且蟋蟀一开始鸣叫就说明要入秋了，天气即将转凉，它的叫声就好像在提醒人们赶紧织布做冬衣，因而又叫它"促织"。

## 自然放大镜

## 在哪里能找到蟋蟀？

蟋蟀是穴居的昆虫，喜欢在夜间活动。它们常常栖息于地表，比如砖石的下面、土穴中或者是草丛间。一般情况下，蟋蟀在8月开始鸣叫，等到10月天气转冷的时候，它们会停止鸣叫。看准时间和地点，去找蟋蟀吧！

# 螳螂（táng láng）

"螳臂当车"只是为了吓唬人？跳进水里的螳螂是中邪了吗？

## 庄子·人间世（节选）

〔战国〕庄周

汝不知夫螳螂乎？怒其臂以当车辙，不知其不胜任也，是其才之美者也。

螳螂是个凶猛的家伙。

成语"螳臂当车"出自《庄子·人间世》。节选部分的大意是，你没见过螳螂吗？它奋勇地举起臂膀想阻挡车轮前进，不知道自己无力胜任，总觉得自己的能力大得不得了。"螳臂当车"也用来比喻不自量力。

## 虫儿有历史

螳螂是螳螂目动物的通称，目前已知有2400多种。成语"螳螂捕蝉，黄雀在后"是个非常有名的历史典故，出自西汉史学家刘向编纂的《说苑》。春秋时期，一位官员劝吴王阖闾不要讨伐楚国，他说："园中有树，其上有蝉，蝉高居悲鸣饮露，不知螳螂在其后也！螳螂委身曲附，欲取蝉而不知黄雀在其傍也！黄雀延颈欲啄螳螂而不知弹丸在其下也！"意思是园中树上有一只蝉正享受甘露，却不知身后的螳螂正预备伏击；螳螂却不知道身后的黄雀伸长脖子想要啄食自己；而黄雀却不知道孩子正举起弹弓准备射杀它。这三个家伙都只想着眼前的利益，没有考虑身后潜伏的祸患。吴王阖闾听了这番话，放弃了出兵的念头。

从这个典故的字面意思来看，螳螂是一类善于捕猎的昆虫，古人也观察到了这种现象。大多数螳螂喜欢伏击，它靠身体的颜色隐藏在树叶上或者花朵中，举着前足静静地等候猎物进入自己的攻击范围，然后快速挥出前足，抓住猎物。

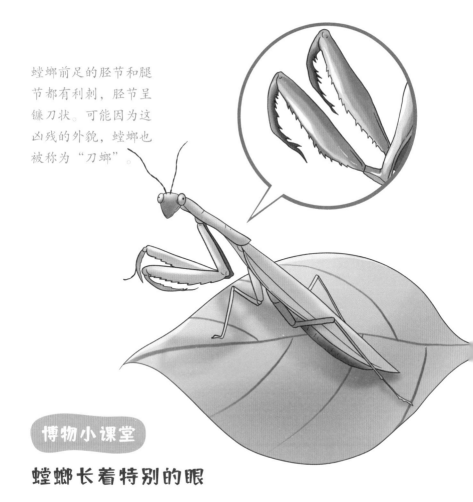

螳螂前足的胫节和腿节都有利刺，胫节呈镰刀状。可能因为这凶残的外貌，螳螂也被称为"刀螂"。

## 螳螂长着特别的眼

　　螳螂是一类非常有趣的昆虫，观察它们也是一件很有意思的事情。螳螂长着一个倒三角形的脑袋，脑袋上两个角的地方长着一对大大的眼睛，这对大眼睛是复眼，里面有许多小眼。仔细看，螳螂的复眼中间有个小黑点，和我们人眼的瞳孔很像。但其实这并不是螳螂的瞳孔。螳螂的眼部结构会造成发射光被遮挡的情况，没有光，就呈现黑色，所以这是一种光学现象，而不是生理结构，因而叫"伪瞳孔"。除了复眼，螳螂还有单眼，头顶长着一对细长的触角，一般是细丝状，也有念珠状的。螳螂的口器是咀嚼式的，上颚强劲有力。

## 螳螂的身形很矫健

螳螂的前胸较长，前足的胫节和腿节都有利刺，胫节呈镰刀状，可以向腿节收缩，也像一把弹簧刀。这对前足用来捕食和用作武器，有时候也用来保持平衡，中足和后足用来走路。螳螂有两对翅膀，前翅为覆翅，后翅为膜翅，有的螳螂的翅膀上有漂亮的颜色和花纹，比如眼斑螳螂。螳螂的飞行能力并不强，雌螳螂的后翅甚至退化了。

## 面露凶相只为自保

如果你在野外发现螳螂，并且凑到它面前，你会发现螳螂挥舞起"镰刀"，甚至张开翅膀。它并不是把你当成猎物，而是感到威胁，用这种姿势来恐吓和警告你。当然，人并不会被吓到，毕竟螳螂在人面前实在太弱小了。"螳臂当车"也是同样的道理，人们觉得它不自量力，但其实它只是在保护自己罢了。

### 自然放大镜

## 跳进水里的螳螂是中邪了吗？

有时候，你还会看到螳螂像中邪了一样跳进水里，并且身体里还会钻出来一个细铁丝一样的东西。这个细铁丝一样的东西叫"铁线虫"，是一种寄生虫，它通常和螳螂的食物一起进入螳螂体内。被铁线虫寄生的螳螂会被控制，甚至改变行为。比如，螳螂会从喜欢阴暗的环境变成喜欢在阳光下暴晒；又比如，螳螂会突然跳进水里——铁线虫要到水里繁殖。

# 蝉（chán）

金蝉是怎么脱壳的？蝉为什么总是叫个不停？

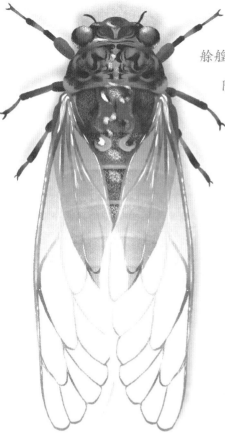

蝉是夏日的好玩伴。

## 入若耶溪

〔南北朝〕王籍

舻艎（yú huáng）何泛泛，空水共悠悠。

阴霞生远岫（xiù），阳景逐回流。

蝉噪林逾静，鸟鸣山更幽。

此地动归念，长年悲倦游。

### 听我讲诗词

诗人乘坐一条船，驶向若耶溪的上游，船行速度和缓。抬头望天，白云悠然；低头看水，也是一派悠悠。远处的山峰里有层层云霞，阳光照耀着蜿蜒曲折的若耶溪。蝉鸣阵阵，显得林间越发寂静；鸟鸣声声，衬得山中更见幽深。这样的美景让诗人有了归隐之心，竟因仕途半生而伤感起来。

**秋**日到来，蝉的生命也就走到了尽头。8月，最多9月，常见的蝉大多死去，还剩下苟延残喘的寒蝉。宋朝词人柳永的诗句"寒蝉凄切，对长亭晚，骤雨初歇"正是这一时节的写照。古人未必知道寒蝉属和其他蝉的区别，大概只是随着季节的变化，到了萧瑟的秋季，便开始借寒蝉表达悲戚、伤感和孤独的情感。不过，寒蝉也很配合，好像知道别的蝉都热闹完了，自己没赶上大部队，还在孤独地鸣唱。当然，寒蝉本身叫得很开心，因为它们要寻觅"佳偶"，完成终身大事，其实是一件喜事。

## 寒蝉不敢出声吗？

**除**了凄凉的意象，古人还用寒蝉表达因害怕、有所顾虑而不敢说话的意思。如成语"噤若寒蝉"，出自《后汉书·杜密传》，书中记载："刘胜位为大夫，见礼上宾，而知善不荐，闻恶无言，隐情惜己，自同寒蝉，此罪人也。"这里的"寒蝉"应该不是指寒蝉属的蝉，而是指天冷时候的蝉。事实上，天一冷，蝉大多死掉了，自然无法出声。

**寒**蝉属的蝉可不是不敢出声。以蒙古寒蝉为例，与常见的又黑又大的黑蚱蝉不同，蒙古寒蝉外形秀气一些，颜色也更好看，身上有白色和淡青色的纹路。它们在夏末的枝头叫得可欢了，叫声听起来像"伏天……伏天……"，因而在北京，蒙古寒蝉也被叫作"伏天"。

## 金蝉是怎么脱壳的？

蝉 也叫"知了"，是半翅目蝉总科的昆虫。它们是不完全变态的昆虫，若虫在地下蛰伏若干年的时间，在最后一次蜕皮前才爬出地面。蜕皮时，若虫的外骨骼逐渐开裂，经过 2 小时左右，成虫从原来的外壳中钻出来，逐渐伸展翅膀完成羽化。这个过程中留下的若虫的外骨骼就是"蝉蜕"。成语"金蝉脱壳"就是用蝉羽化的过程来形容靠计谋脱身。

## 长寿的蝉

虽 然蝉的成虫寿命短，但是蝉的若虫寿命长，有种叫"十七年蝉"的昆虫更是占据长寿昆虫的榜首。这种蝉不仅寿命长，还非常"懂数学"。它要么不出土，要么就一大群在 17 年后一起出土羽化，那场面可谓十分壮观。为什么会这样呢？数学好的人可能已经注意到了，17 是个质数（除了 1 和自

雌蝉将卵产在树枝里，蝉卵大多数是白色条状的。

孵化后的若虫在掉落地面后会钻入土中，并在土中活动很长一段时间。

终龄若虫会在某个夜里爬出土壤，羽化成蝉。

己以外不能被别的数字整除）。另外还有"十三年蝉"，13也是质数。据科学家推测，这样的生命周期可以最大限度地降低羽化后遇到天敌及天敌后代的概率，增加蝉的存活率。

## 蝉为什么叫个不停？

你有没有过这样的经历：炎炎夏日的午后，正想睡个午觉，结果被蝉鸣吵得睡不着？为什么蝉喜欢在炎热的天气大声鸣叫呢？蝉生活在温带和热带地区，对温度的要求较高。蝉通常在6月末、7月初的时候羽化为成虫，成虫的寿命较短，通常活不过一个夏天，所以雄蝉就要抓紧时间鸣叫，吸引雌蝉的注意，从而完成繁殖大业。

**自然放大镜**

## 蝉是怎么发声的？

和蟋蟀类似，雌蝉不发声，而雄蝉可以靠发声器发出"蝉鸣"。雄蝉发声不是靠翅膀的摩擦，而是依靠腹部可收缩的"鼓室"。雄蝉腹部的第一、二节有鸣器，腹部两侧有两个大而圆的音鼓，就像大鼓的鼓膜。当腹部的鸣肌收缩时，带动鼓膜振动，就发出了声音。雄蝉的鸣肌每秒能收缩约1万次，再加上音鼓下还有气囊共鸣器，就使得蝉鸣分外响亮。如果一群雄蝉一起鸣叫，更是声如洪钟。

# 天牛（tiān niú）

天牛的幼虫叫什么？听说它还是个"破坏王"？

## 卫风·硕人（节选）

〔先秦〕佚名

手如柔荑（tí），肤如凝脂，

领如蝤蛴（qiú qí），齿如瓠（hù）犀。

这是一只光肩星天牛，鞘翅上的浅色斑点是星天牛家的家族特征。鞘翅之下，藏着薄而宽大的后翅，只有当它飞起来的时候，你才能看到。和其他天牛一样，它也长着招牌长触角。

这几句诗节选自《诗经》，赞美的是春秋时期齐庄公的女儿、卫庄公的夫人——庄姜。节选的大意是说她的手像刚长出的茅草的嫩芽一样柔嫩，皮肤像凝冻的脂膏一样白润。雪白的脖子像蝤蛴一样优美，牙齿像瓠瓜的籽一样齐整。蝤蛴是天牛的幼虫，它们大多白白胖胖，外表光滑。《诗经》中用"领如蝤蛴"形容美人白皙光洁的脖颈，后人引申出成语"楚腰蛴领"，形容女子体态优美。

## 虫儿有历史

唐代药学家陈藏器在《本草拾遗》中记载："蝤蛴，木蠹（dù）……生腐木中，穿木如锥刀，至春羽化为天牛。"意思是蝤蛴生活在树干里，到春天羽化成天牛。这说得没错，天牛的幼虫是在树洞里生活的，一直到羽化为成虫才钻出树干。古人时常砍柴烧火，在树干里看到天牛幼虫的机会也不少。不过，不同种类的天牛寿命不同，有的一年完成一代（昆虫从卵开始，经过生长、发育至成虫并产生后代为止的一段时期，称为"一个世代"，简称"一代"），有的两三年完成一代，还有的四五年完成一代。

## 漫长的幼虫期

天牛是鞘翅目（也就是甲虫）中的一科，它们是完全变态的昆虫，成虫将卵产在树皮下，卵孵化后幼虫——蛴螬以树木为食，经过好几个月的幼虫期后化蛹，十几天后蛹成为成虫。天牛成虫需要的食物并不多，成为成虫后，它们的生命也走到了尽头。天牛一生中最漫长的就是幼虫期，对林木和木建筑来说，蛴螬是个"破坏王"。

## 天牛有哪些特征？

天牛最突出的特征就是长长的触角，它的英文名是"longhorned beetle"，直译就是"角很长的甲虫"。与蟋蟀那种又长又细的触角不同，天牛的触角是粗壮且一节一节的，通常为 11 节。比如华星天牛，它的体长为 19～39 毫米，整体是黑色的，有时候带有金属光泽。它的触角也是 11 节，并且第 3～11 节中每节的基部都有淡蓝色的毛环，看起来黑白（蓝色很浅，远看像白色）相间，非常独特。它的腿上还有一些蓝灰色的细毛，鞘翅上有小小的白色毛斑，每片翅上约有 20 个，排列成不整齐的 5 个横行。鞘翅基部还有许多密集的小颗粒，长度不到整个翅长的四分之一。华星天牛的雌性和雄性长得相似，可以通过触角的长度来区分。雌性的触角比身体长出 1～2 节，而雄性的触角要比身体长出 4～5 节。

天牛长长的触角，就像京剧演员的翎子。

# 何时何地可以看到天牛？

这取决于你想看幼虫还是成虫。成虫一般在春夏季节羽化出来，而且不少天牛都钟情于某一种或某一类树木。所以，你想看哪种天牛就去找哪种树，八成就能看见。以比较常见的云斑天牛为例，它有个别名叫"核桃大天牛"，喜欢核桃树，也会对苹果树、梨树等果树以及杨树、柳树、桑树等树木造成危害。如果你想看云斑天牛，不妨去这些树的树干上找一找。

如果你想看幼虫，冬季是一个比较好的时候。天牛的幼虫大多躲在树干内越冬。冬天的时候，去树林里找一些枯木，稍微掰开一点儿就可能看到天牛那白白胖胖的幼虫了。

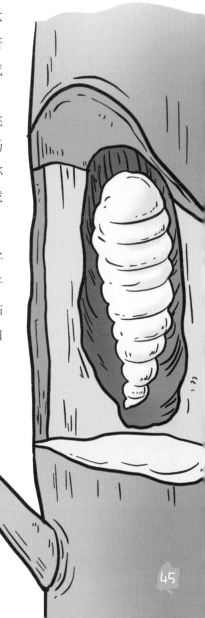

天牛的幼虫很能吃，会蛀空树干。

# 苍蝇（cāng yíng）

为什么我们很难打到苍蝇？法医为什么用蛆来推算死亡时间？

## 送穷文（节选）

〔唐〕韩愈

朝悔其行，暮已复然，蝇营狗苟，驱去复还。

丽蝇

## 听我讲文言

这几句话出自唐代文学家韩愈的名篇《送穷文》。"送穷"是中国民间很有特色的一种风俗，就是祭送穷神。节选部分是主人祭送穷神时对穷神说的话。意思是主人早上悔恨自己的行为，傍晚却又恢复故态。你们（穷神）像苍蝇那样飞来飞去地逐食腐物，像狗那样苟且偷生，刚把你们赶走，你们转眼又回来。

古人对苍蝇的态度是极其厌烦的，常用其比喻谗言乱国的小人。《诗经·小雅·青蝇》中写道"营营青蝇，止于樊。岂弟君子，无信谗言"。意思是苍蝇乱飞声嗡嗡，飞上篱笆把身停。平和快乐的君子，不要把那谗言听。南北朝时期的文学家鲍照也曾在《代白头吟》中写道"点白信苍蝇"，意思是有些小人像苍蝇那样巧于辞令，妄进谗言。

不过，明代著名医药学家李时珍曾在《本草纲目》中记载："蝇处处有之。夏出冬蛰，喜暖恶寒……其蛆胎生。蛆入灰中蜕化为蝇，如蚕、蝎之化蛾也。"可见古人对苍蝇的习性还是有一定了解的。

## 苍蝇怎么成了肮脏的代名词？

苍蝇是双翅目蝇科中一大类昆虫的通称，有长得像蜜蜂也吸食花蜜的食蚜蝇，也有喜欢吃腐败水果的果蝇等。但更多的时候，说起苍蝇，人们容易联想到家蝇、丽蝇这些以腐肉、粪便为食的蝇。受食物分布的影响，它们生活的环境卫生条件比较差，所以在很多人的印象里，苍蝇就成了肮脏、不择手段的代名词。"蝇营狗苟"这个成语就用来形容有些人像苍蝇和狗那样为了一己私利到处投机取巧。

苍蝇是完全变态的昆虫，大多数种类的雌苍蝇会把卵产在它们的食物上，幼虫在"美味"的食物上孵化后就能吃这些食物。苍蝇的幼虫也被称为"蛆"，它们只吃不拉。因此，家蝇、丽蝇等吃腐肉、粪便的幼虫蛆在环境中扮演了"清道夫"的角色。

蛆

## 为什么我们很难打到苍蝇？

因为哪怕我们动作再快，在苍蝇眼里都是慢动作。当你看一连串闪烁的光时，如果光的闪烁频率很低，你能看出它是一闪一闪的，但如果光的闪烁频率变高，你就会觉得它是连续稳定的光了，这个现象叫作"闪光融合"。而刚好让你感觉不出光的闪烁的频率就是"闪烁临界频率"，通常用它来表示动物对时间的感知能力。这个值越高，表示动物感受到的时间越慢。科学研究表明，体型小的动物，拥有更高的新陈代谢速率，在单位时间内能感知更多的信息，比如苍蝇。在苍蝇的感知中，时间会过得比我们人类感受到的要慢，所以在它的眼中，我们的一举一动就像慢镜头。于是，苍蝇就有了更多的时间反应和逃跑。

## 苍蝇站在玻璃上为什么不打滑？

这是因为苍蝇长着十分奇特的脚。苍蝇脚上的毛就像吸盘一样，可以让它稳稳地站在光滑的物体表面。此外，这"吸盘"还能分泌出黏液，其末端的面积比较大，这就增加了脚底与玻璃等光滑物体的接触面积。有了这几重保障，苍蝇站在玻璃上就不容易打滑了！

### 自然放大镜

## 法医为什么
## 用蛆来推算死亡时间？

人去世后，尸体如果没有被及时包裹起来，数小时内就会吸引苍蝇前来产卵（冬天较少）。卵会在8～14小时内孵化（具体看温度等条件）出蛆，蛆就以腐肉为食，然后蜕皮生长。蛆在每一个蜕皮阶段都有一定的时间规律，6～10天左右，蛆就会爬到地上变成蛹，再过一周至十几天就能化蛹变成苍蝇。所以法医会根据蛆的种类、体长、生长阶段，再结合气温、湿度等环境因素推断出尸体的死亡时间。

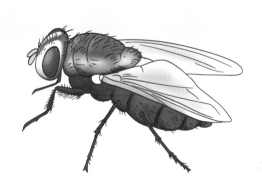

# 蚊（wén）

什么样的人招蚊子？蚊子包为什么那么痒？

## 汉书·中山靖王胜传（节选）

〔东汉〕班固

夫众煦（xǔ）漂山，聚蚊成雷。

听我讲文言

成语"聚蚊成雷"出自《汉书·中山靖王胜传》，节选部分的意思是许多人一起吹气，能使山飘走，许多蚊子聚在一起，声音会像雷声那样大。在人们的印象里，蚊子有着负面的形象，也被用来比喻说坏话的人。

中国古人对蚊虫早有认识。汉代《淮南子》中有"孑孓（jié jué）为蚊"的说法，说明那时候人们已经知道蚊子是由孑孓蜕化而成的。不仅如此，人们还想出了很多对抗蚊虫的方法：中国古代很早就有蚊帐、纱窗、细竹帘等防蚊工具；人们在夏季用燃烧艾草、浮萍和樟脑等办法驱蚊；还有人会排除污水来清除蚊子的滋生地。

## 什么样的人招蚊子？

蚊是双翅目蚊科的昆虫，它们也有昆虫标配的两对翅，但是后翅退化成了一对平衡棒，仅靠一对前翅飞行。在飞行中，蚊子的振翅频率非常高，就发出了"嗡嗡嗡"的声音。一听到这个声音，我们就知道，恼人的蚊子来了。

网上盛传血型是吸引蚊子的关键因素。好玩儿的是，每一种血型都被认为"最能吸引蚊子"，其实这些说法完全没有科学依据。蚊子无法辨别我们的血型，而是根据我们呼出的二氧化碳定位目标，然后再根据我们皮肤出汗时排出的乳酸、尿酸、氨等物质来进一步锁定目标。所以，吸引蚊子的因素有很多，目前还没有一个明确的定论。可怕的是，蚊子叮咬人的过程还可能传播黄热病、疟（nüè）疾、登革热等疾病。

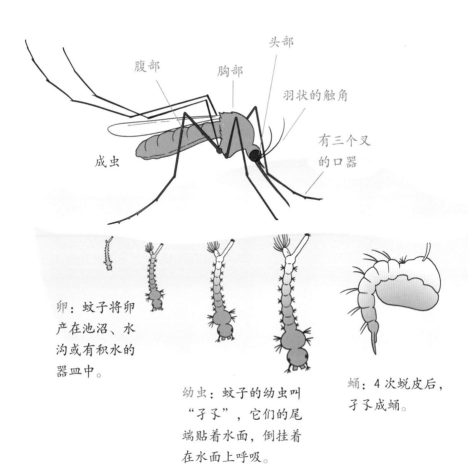

头部

腹部

胸部

羽状的触角

成虫

有三个叉的口器

卵：蚊子将卵产在池沼、水沟或有积水的器皿中。

幼虫：蚊子的幼虫叫"孑孓"，它们的尾端贴着水面，倒挂着在水面上呼吸。

蛹：4 次蜕皮后，孑孓成蛹。

## 蚊子包为什么那么痒？

除了叫声恼人，蚊子还会吸血，同时会向人体的伤口注入唾液。蚊子的唾液中含有的抗凝血物质可以保证它在吸血时血液不会突然凝固。但吸血的蚊子注入的唾液会引起人体的免疫反应，因此人们会有皮肤红肿和痛痒的症状。不过，吸血的都是雌蚊子，它们也不是因为饿了才来吸血，而是因为吸了血，雌蚊子的卵巢能更好地发育，从而完成产卵繁殖的任务。

# 可以让蚊子灭绝吗？

统的灭蚊方法，比如点蚊香、使用电蚊香、喷杀虫剂的效果都非常有限，而真正有可能让蚊子灭绝的还得是高科技。在2016年里约奥运会期间，由蚊子传播的寨卡病毒令人害怕。为了消灭这种病毒，科学家们放了一群特殊的蚊子。什么？不灭蚊子还放蚊子？因为他们放的是经过基因改造的雄蚊子。由于咬人吸血的都是雌蚊子，这些特殊的雄蚊子与雌蚊子交配后，雌蚊子会产下带有这些雄蚊子的某种特殊基因的后代，而这种基因会让蚊子必须吃四环素才能活下去。四环素是人工合成的化学物质，自然条件下根本无法产生，于是这些蚊子就会因为吃不到四环素而死去。还有科学家团队利用特定的菌株成功地消灭了一个岛上几乎所有的蚊子。他们通过技术手段让蚊子感染沃尔巴克氏菌的某一特定的菌株，如果携带不同菌株的蚊子互相交配，那么产生的蚊卵将发育异常，无法孵化出幼虫。

## 自然放大镜

## 什么蚊子会传播疾病？

蚊子的头很小，接近于球形，颈部很细，眼睛是复眼。蚊子的嘴叫"刺吸式口器"，像针一样能扎破动物的皮肤。其实，并不是所有的蚊子都会传播疾病：黄热病和登革热主要由伊蚊传播，疟疾主要由按蚊传播，而丝虫病和流行性乙型脑炎主要由库蚊传播。

# 白蚁（bái yǐ）

古人是怎么防白蚁的？白蚁和蚂蚁是"一家人"吗？

## 韩非子·喻老（节选）

〔战国〕韩非

千丈之堤，以蝼蚁之穴溃；百尺之室，以突隙之烟焚。

白蚁虽小，却是个十足的"大胃王"。大多数白蚁的兵蚁和工蚁没有眼睛。

千里大堤，可能因为有蝼蚁在蛀洞，而决堤塌掉；百尺高楼，可能因为烟囱迸出的火星引起火灾，而被焚毁。后来这句话引申为成语"千里之堤，毁于蚁穴"，意思是小小的隐患造成了巨大的灾难。

## 虫儿有历史

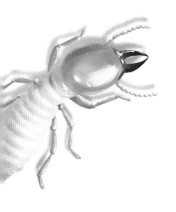

白蚁给古人带来了不少烦恼，如危害堤防、建筑物等。于是，人们也想出了很多对抗白蚁的方法。从宋代《尔雅翼》里的"柱础去地不高，则是物（白蚁）生其中"可以看出，传统建筑中柱础的作用是防白蚁。

## 白蚁和蚂蚁是"一家人"吗？

成语"千里之堤，毁于蚁穴"里的"蚁"指的是白蚁。虽然名字中都有"蚁"，长得也比较像，还都是社会性昆虫，但是白蚁和蚂蚁可不是"一家人"。蚂蚁和蜜蜂的亲缘关系较近，都属于膜翅目；而白蚁和蟑螂的亲缘关系更近，都属于蜚蠊（fěi lián）目，可以说白蚁是一类社会性的蟑螂。

# 婚飞的白蚁

**每** 年的 2—6 月，在我国的南方地区，黄昏时分或大雨之后，能看到成千上万只小虫在空中飞舞，尤其有灯光的地方，那灯光照去，密密麻麻的，全是小虫。仔细看，这些小虫长着两对花瓣形的长翅膀，通常是半透明的灰褐色，而且两对一样长。在一阵遮天蔽日的飞舞后，这些小虫都爬走了，而它们的翅膀纷纷掉落在地上。其实这些也是白蚁，准确地来说，它们是婚飞的白蚁。

**白** 蚁也会飞吗？没错。不过，它们只在繁殖的季节长出翅膀，而且也不是都长出翅膀，只有部分的繁殖蚁有翅膀，因而被人称为"飞蚁"。如果一对飞蚁配对成功，它们就会抖掉翅膀，一起寻找适合建筑新蚁巢的地方，成为新蚁巢的"蚁王"和"蚁后"。然而，配对成功的飞蚁只是少数，大多数飞蚁没能完成繁殖任务就被捕食者吃掉，或者掉落水中淹死。

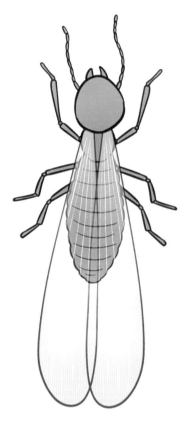

白蚁只有在繁殖的季节才会长出翅膀。

# 防火、防白蚁

白蚁是白蚁科昆虫的统称，种类繁多，超过 3000 种，主要分布于热带和亚热带地区。如果你在家里发现一只白蚁，那就要注意了，这意味着家里的木头可能都被白蚁掏空了。必要的时候要请专业人士来消杀。尤其是那些木质的古建筑保护工作，除了防火，还要防白蚁。

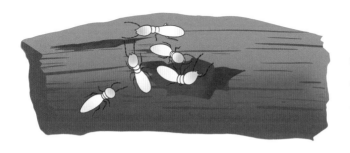

吃木头的白蚁会危害土木建筑的安全。

**自然放大镜**

## 住在白蚁肚子里的虫

大家都知道白蚁爱吃木头，但是吃木头可不是一件简单的事。大部分动物都无法消化木头里的纤维素和木质素，但是白蚁有帮手——披发虫。披发虫是一种鞭毛虫，生活在白蚁的肠道里，这里温暖、湿润，而且安全。披发虫分泌出一种能消化纤维素的酶，白蚁吃下去的木头就会被披发虫消化，转变为葡萄糖，就可以直接被吸收了。刚孵出的白蚁体内没有披发虫，要靠舔舐其他白蚁的肛门获得披发虫。白蚁和披发虫这种互相帮助、互相得利的关系叫"互利共生"。

# 虱（shī）

古人不讨厌虱子吗？什么情况下人会长虱子？

## 蒿里行（节选）

〔东汉〕曹操

淮南弟称号，刻玺于北方。

铠甲生虮（jǐ）虱，万姓以死亡。

白骨露于野，千里无鸡鸣。

生民百遗一，念之断人肠。

虱喜欢寄居在人的头发上。

雌虱分泌黏性物质，把卵产在人的毛发上。

虱的成虫

**这**是一首反映历史现实的诗。东汉末年，关东各郡将领起兵讨伐董卓，百姓生活在水深火热之中。节选的这几句是说袁绍和袁术二人，一北一南，都起了称帝之心。战士们连年征战，不解铠甲，结果都生满了虮虱，百姓也死伤无数。累累白骨，散布在荒野，无人收埋，方圆千里也没有人烟，更听不见鸡鸣。百姓都不剩几家人了，想想就让人肝肠寸断。

## 古人不讨厌虱子吗？

**随**着卫生意识的增强和卫生条件的改善，现在虱子基本消失在我们的视线中。但是在古代，由于卫生条件差，人的身上有虱子是常有的事。古人对此态度却十分淡然，虱子甚至一度受到名士的追捧，历史上还留下了许多与抓虱子有关的典故。

**东**汉时期，有个叫赵仲让的文人，是"跋扈将军"梁冀的从事中郎。在一个冬日里，赵仲让解开衣服，对着太阳捉虱子。梁冀夫人觉得这样"不洁清"，但是梁冀却赞叹道："是赵从事，绝高士也。"

**最**有名的一个典故和魏晋时期的大将军王猛有关。王猛出身贫寒，却心存高远的志向。东晋权臣桓温北伐，击败苻坚，王猛前去求见，却只穿着麻布短衣。在大庭广众之下，他一边抓着身上的虱子，一边和桓温畅谈天下大事。桓温很是赏识，向王猛抛出橄榄枝，王猛却拒绝了。后来，苻坚专门派人去请王猛出山，王猛欣然答应，苻坚更是把他比作诸葛亮。王猛也是不负众望，成为政绩卓著、战功赫赫的大将军。

样的故事在古代还有不少，可见当时的文人雅士不仅不讨厌虱子，甚至还把"扪虱清谈"当作一种不拘小节、气度非凡的表现。据说，当时人们捉完虱子之后，还要专门养着。

## 虱子的藏身处

曹操诗句中的"虮虱"是"虮"和"虱"。"虮"指的是"虱"的卵和若虫，"虱"通称为"虱子"，指虱目这类寄生性昆虫。它们的个头非常小，只有几毫米大，没有翅膀，不会飞，喜欢藏在人、家畜等其他哺乳动物的毛发或者鸟类的羽毛下，吸食寄主的血液。过去，由于卫生条件较差，人们长期不洗澡，身上就容易长虱子。铠甲里长虱子，也说明将士们这身铠甲穿了很久都没有清洗，这反映的是战争的漫长和残酷。

藏身铠甲、叮咬人体的虱子很可能是人体虱，也叫"衣虱"。它的身体可以分为头、胸、腹三部分，胸部长有三对足。虱子是不完全变态发育的昆虫，只经过卵、若虫和成虫这三个时期。它的卵是类似椭圆形的白色小颗粒，孵化出的若虫"虮"长得跟成虫有些相似，经过三次蜕皮后成为成虫"虱"。

卵寄居在人的毛发上。

# 如何除虱子？

即便在古代，也不是所有人都喜欢身上有虱子。古人头发很长，头上的虱子很难抓到。虽然有一些天然的洗发水，如草木灰、淘米水、皂角等，但他们也不经常洗。于是，人们发明了一种工具，叫"篦（bì）子"，中间有横梁，两边有两排非常密的齿，专门用来梳掉头上的虱子。

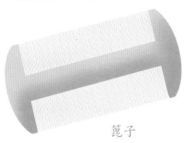

篦子

## 自然放大镜

# 虱的生活档案

生命周期：虱子的发育分三个阶段，从卵到若虫，再到成虫。雌虱会分泌黏性物质，把卵产在毛发或者衣物的纤维上，很难清理干净。

行为习性：虱子寄生于人体、一些哺乳动物和鸟类的身上。

食物：宿主的血液。

虮，虱的幼虫。

# 蜉蝣（fú yóu）

蜉蝣真的短命吗？
它们是如何在短暂的时间内完成繁衍重任的呢？

## 赤壁赋（节选）

〔宋〕苏轼

寄蜉蝣于天地，渺沧海之一粟。哀吾生之须臾（yú），羡长江之无穷。挟飞仙以遨游，抱明月而长终。

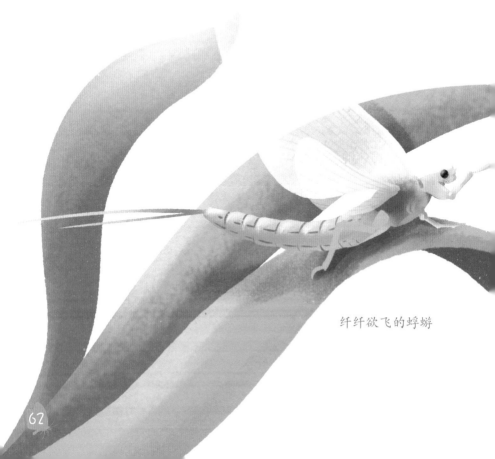

纤纤欲飞的蜉蝣

元丰五年（1082 年），苏轼被贬黄州，正经历人生最困难的时期。他两次泛游赤壁，写下的《赤壁赋》和《后赤壁赋》在北宋文坛有着重要的地位。节选段的意思是，（我们）如同蜉蝣置身于广阔的天地中，像沧海中的一粒粟米那样渺小。哀叹我们的一生只是短暂的片刻，不由得羡慕长江的没有穷尽。想要携同仙人遨游各地，与明月相拥，永存于世间。

## 虫儿有历史

在古人眼中，蜉蝣的寿命只有一天，所以用"朝生暮死"来形容这种小虫的一生。的确，蜉蝣成虫的寿命很短，这大概是因为它们的口器退化，无法进食，飞行和繁殖又会消耗很多能量，它们一旦产完卵，就会立马死去。不过，这短暂的"阳寿"只是蜉蝣成虫的寿命。在这之前，蜉蝣的卵在水中孵化，幼虫在水中成长，以水草、水生无脊椎动物为食，这段时间长达 3 年。其间蜉蝣要经历一次次的蜕皮（大部分 12 次，少部分 20～30 次），有个别的种类甚至蜕皮达 40 次。

# 古老的蜉蝣

蜉蝣是蜉蝣目昆虫的通称，这是一类非常古老而原始的昆虫。大约 3 亿年前，蜉蝣就生活在地球上了。它们的原始还体现在翅膀上——不能折叠。蜉蝣的身形纤细柔弱，前翅发达，后翅退化，小到不仔细看都看不出来，腹部末端还有一对长长的丝状尾须。

繁殖的季节，成群的雄性蜉蝣婚飞（群体繁殖行为），雌性蜉蝣则飞入虫群与雄性蜉蝣交配。

## "少年"蜉蝣

常特别的是，蜉蝣在幼虫和成虫之间还存在一个"亚成虫"的阶段。幼虫爬出水面后蜕皮成为亚成虫，此时的蜉蝣翅膀呈不透明或者半透明状态，身体颜色灰暗，大部分的器官也没有发育成熟。它们就静静地躲在叶子背面，等待最后一次蜕皮，变成身体或雪白或奶黄、翅膀透明的成虫，准备举行一场盛大而庄严的集体婚礼。

# 蜉蝣的集体婚礼

卵：蜉蝣将卵产于水中。

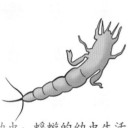

幼虫：蜉蝣的幼虫生活在水中。

为了在最短的时间内完成寻找配偶、交配并产卵的任务，蜉蝣会集体在河面上婚飞，那场面蔚为壮观。成千上万只蜉蝣聚集在河面上，夕阳照在它们透明的翅膀上，泛出金色的光芒，十分美丽。不久之后，完成终身大事的蜉蝣纷纷死去，尸体漂散在水面上，似落雪，也似飞花。为了完成这场集体婚礼，幼虫们也像商量好了似的在同一时间上岸蜕皮。

蜉蝣对水质的要求很高，对缺氧和酸性的环境非常敏感。它们只会选择水质好的溪流、湖泊产卵。在受污染的水域是看不到蜉蝣的，更别提婚飞的盛景了。

亚成虫：蜉蝣的幼虫浮出水面，日落后羽化成亚成虫。

蜉蝣的成虫

# 尺蠖（chǐ huò）

尺蠖真的会变色吗？尺蠖的名字是怎么来的？

## 易传·系辞传下（节选）

尺蠖之屈，以求信也；龙蛇之蛰，以存身也。

听我讲文言

尺蠖尽量弯曲自己的身体，是为了伸展前进；龙蛇冬眠，是为了保全性命。这句话启示我们，人也要学会退让和忍受，保存实力，才能在必要的时候充分展示自己的能力。

尺蠖对多种林木和农作物都有害。比如，茶尺蠖以茶树的嫩叶为食，严重时能把一整棵茶树吃得片叶不留；国槐尺蠖喜欢吃国槐、龙爪槐等；春尺蠖以杨树、苹果树、梨树等树木的叶片为食。

# 尺蠖真的会变色吗？

汉代小说集《说苑》中有这样一句话："夫尺蠖食黄则其身黄，食苍则其身苍。"意思是说尺蠖吃下黄色的食物就会变成黄色，吃下绿色的食物就会变成绿色。这是真的吗？尺蠖确实会变色，但并不是通过吃不同颜色的食物，而是通过感知周围环境的变化来改变颜色。有科学家做过实验，把尺蠖放到不同颜色的秆子上，它们就迅速调整，变成和秆子一样的颜色，哪怕是深浅不同的同色系秆子，它们也能进行细微的调整来匹配。

要做到这一点，需要有能感知颜色的器官。尺蠖的眼睛结构很简单，只有几个很小的单眼，科学家测出了尺蠖的单眼中有视蛋白（一类具有感光功能的蛋白质）。不过，科学家猜想尺蠖除了眼睛应该还有其他可以感光的地方。果然，科学家在它们的皮肤里也检测出了视蛋白。科学家进一步在尺蠖的眼睛上涂上黑色颜料，让它们失明，它们仍然可以变色。

## 尺蠖的名字是怎么来的？

尺蠖是鳞翅目尺蛾科的幼虫。这个科的成员庞大，有几万种之多，我国各地常见的是槐庶尺蛾。"蠖"字来源于"蒦"，是度量的意思。"尺蠖"这个名字，得名于幼虫独特的移动方式。

## 尺蠖如何向前爬？

一般来说，鳞翅目昆虫（各种蝴蝶、蛾）的幼虫在腹部都有三对胸足、多对腹足和一对臀足。但是尺蠖很特别，它除了胸足和臀足，只有一对腹足。由于中间的腹足缺失，它没法像其他"毛毛虫"那样行动，只能一开一合地移动，看起来就像我们张开拇指和食指比画距离、测量长度的动作。古人说"尺蠖之屈"，也是指它这种独特的移动方式。现在，成语"尺蠖之屈"常用来比喻以退为进的策略。

## 尺蠖为什么叫"吊死鬼"？

**有**时候，我们走在树下面，会看到一条小虫子突然降落在面前，就那么悬在空中，吓人一跳。再仔细一看，我们会发现它由一根细细的丝牵拉着，这种小虫子也是尺蠖。尺蠖有丝腺，能像蚕一样分泌丝线，当它遇到危险时，就立马吐丝下垂以躲避天敌，所以尺蠖被称为"吊死鬼"。

**另**外，它还会借由丝线"荡秋千"，当它把一棵树吃得差不多了，就会吐一根丝把自己吊起来。有风吹过的时候，它就能靠着风力，从一棵树荡到另一棵树上，寻找新的食物乐园。

## 假装树枝的虫儿

尺蠖不仅可以变色，还能模拟树枝的形态。它会用腹足和臀足牢牢地抓住树枝，把上半身笔直地抬起，和树枝呈一定的角度，一动不动，假装自己就是一根短短的枝条。再加上它身体的颜色、花纹与周围的树枝几乎一致，真的很难被发现，唯一的破绽可能就是它的脚了。

更厉害的是，合绿尺蛾属的尺蠖可以用花朵伪装自己，它利用丝线把花瓣粘在背上，再站在花丛中，就可以完美"隐身"了。如果花朵枯萎变色，它还会立马换上新的"花瓣衣"。

尺蠖在不同颜色的杆子上会变成不同的颜色。

# 灶马 (zào mǎ)

灶马明明是种昆虫，为什么名字里有个"马"呢？
在哪儿能见到灶马？

## 别雅序（节选）

〔清〕王家贲

大开通同转假之门，泛滥浩博，几疑天下无字不可通用，而实则蛛丝马迹，原原本本，具在古书。

听我讲文言

从挂下来的蜘蛛丝上可以找到蜘蛛，从灶马留下的印记中可以查明它的去向。"蛛丝马迹"这个成语比喻事物留下的隐约可寻的痕迹和线索。其实，这个成语里的昆虫只有一种。虽然我们通常把蜘蛛当成小虫子，但它其实是节肢动物门蛛形纲的动物，不属于昆虫（节肢动物门昆虫纲）。这里的"马"，也不是指奔驰的骏马，而是指灶马，它是直翅目驼螽（zhōng）科的昆虫，跟蟋蟀的亲缘关系比较近。

灶

马明明是昆虫，为什么名字里有个"马"呢？

这大概是因为它是神话中灶王爷的坐骑。唐代的笔记小说集《酉阳杂俎（zǔ）》中写道："灶马，状如促织，稍大，脚长，好穴于灶侧。"古人多用土灶，卫生条件也不是那么好，而灶马喜欢阴暗的角落，在夜晚出来活动、觅食，会到厨房的灶头旁寻找食物残渣。古人并不讨厌这种吃人们剩菜剩饭的小虫子，反而把它当成家里食物充足的象征。所以，古时候有句俗语："灶有马，足食之兆。"而"马迹"说的就是灶马爬过煤灰后在灶头上留下的痕迹。

## 眼神儿不好的虫儿

灶

马的生活环境比较黑暗，因而它们的视觉功能并不发达。有些种类的灶马终日生活在无光的洞穴等环境中，视觉退化甚至消失，连身上的颜色也变淡。为此，它们长长的触角和发达的后腿就起到了很大的作用，雌性和雄性在交配前会用触角来交流；在遇到危险时，它们会借助后腿高高地跳起。有的人在晚上被突然跳起来的灶马吓一跳也是这个原因。不过，除此之外它们也没有别的防御手段了。

灶

马是杂食性昆虫，只要有机会也会抓一些比自己小的虫子来吃，还会吃动物的尸体和哺乳动物的排泄物，甚至会吃自己和同类的肢体。

# "驼背" 的灶马

灶马是不完全变态的昆虫，但它们即使长成了成虫也没有翅膀。灶马所属的科之所以叫"驼螽科"是因为灶马的背隆起来就像一个驼背老人，也像骆驼的驼峰。

灶马的身体为黄褐色，掺杂着黑色的斑纹，比蟋蟀略大。灶马有着长长的触角，长度可达到体长的三倍；还有着强有力的后足，擅长跳跃。

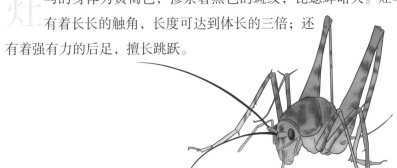

## 长刺的灶马

还有一种生活在沙漠中的灶马，叫作"沙篮"，它们的后腿上长了两排刺，可以帮助它们把沙子从洞穴里扒出来。

这种灶马的雄性会在晚上挖洞，还会有好几只雌性灶马来参观。

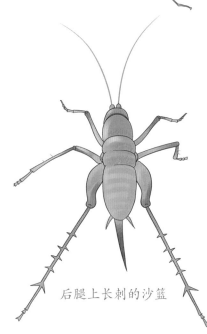

后腿上长刺的沙篮

# 不是灶马的"灶马"

有的地方也把灶蟋叫"灶马"。灶蟋是蟋蟀科的昆虫，它们有翅，但有些后翅退化甚至没有，因而也无法飞行。灶蟋会鸣叫，它们的叫声像小鸡发出的声音，所以也被称为"灶鸡"。

## 你见过灶马吗？

现在人们的生活条件好了，厨房干净明亮，配置的都是现代化设施，很难在厨房的灶头上见到灶马。只有在农村少部分仍然使用土灶的地方还可以见到它的身影。当然，野外也是有灶马的，它们是群居性和穴居性的昆虫，夏季在草丛、石缝、土缝中栖息。不过发现它们可能不那么容易，因为它们晚上才出来活动，也不像蟋蟀那样会鸣叫，也没有翅膀，无法摩擦发声。灶马总是安静地来，安静地走，不挑食，捡着什么就吃什么，对人无害，可以说是一种很友好的小虫子了。

在使用土灶的农村，可以看到灶马。

# 蝗虫 (huáng chóng)

小小蝗虫为什么能造成这么大的危害？
鸟吃了蝗虫会中毒吗？

## 雪后书北台壁二首·其二

〔宋〕苏轼

城头初日始翻鸦，陌上晴泥已没车。

冻合玉楼寒起粟，光摇银海眩生花。

遗蝗入地应千尺，宿麦连云有几家。

老病自嗟诗力退，空吟《冰柱》忆刘叉。

特别能吃的蝗虫

74

这首诗是苏轼由杭州通判改任密州知州时创作的，称得上是写雪的佳作。这里选取的是第二首。诗人先写了城头的乌鸦上下翻飞，雪后城中过往的车辆艰难前行。昨夜雪之大，大到把楼"染"成了玉色，行人也被冻得起了鸡皮疙瘩。原野上银霜满地，反射出来的光照得人眼都花了。大雪灭蝗虫，麦子被大雪覆盖，来年一定会长得茂盛，这是丰收的征兆呀！本应赋诗歌颂，但苏轼称自己既老且病，诗力大不如前，只得吟诵唐代诗人刘叉的《冰柱》聊以自慰。不过，苏轼还是自谦了，喜欢这首诗的人很多，王安石甚至还曾和诗六首以示喜爱。

## 虫儿有历史

说到古人用来比喻"祸害""寄生虫"的昆虫意象，必提蝗虫。它们还容易跟螽斯弄混，被称为"螽"。这类直翅目蝗科的昆虫有着咀嚼式口器，以农作物为食，在适宜的环境里还会群居并集中迁徙。它们所过之处，没有什么植物能幸存，这对古代的农耕是巨大的打击。因此，蝗灾被视为跟旱灾并列的重大自然灾害。而且，蝗灾往往还伴随着旱灾一起暴发，导致受灾地饿殍（piǎo）遍野。

中国历史上造成最大危害的蝗虫应该是东亚飞蝗。作为一种不完全变态的昆虫，它的若虫要经过 5 次蜕皮，其间翅膀越来越长，最后成为翅膀完整的成虫，获得迁飞的能力。

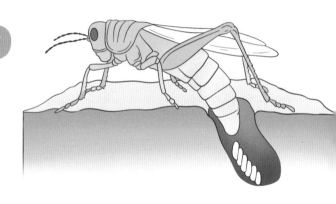

雌性蝗虫向
土中产卵。

## 小小蝗虫为什么能造成这么大的危害?

这与蝗虫自身的习性有很大关系。首先,蝗虫的繁殖能力很强,雌性东亚飞蝗每次产4~5个卵块,每个卵块里有50~75个卵,也就是一次最多能产375粒卵。而且东亚飞蝗的发生代数由北向南递增,北京以北的地区每年1代,黄淮流域每年2代,长江中下游地区每年2~3代,华南地区每年3代,到了海南地区就是每年4代!其次,蝗虫特别能吃,也不挑食,所到之处几乎寸草不生,棉花、大麦、小麦、玉米、土豆全部被蝗虫吃个精光,连根秆子也不留下。据计算,1平方千米的蝗虫群能吃下3.5万人的口粮!再次,蝗虫的迁飞能力很强,东亚飞蝗的累计飞行距离最远可达65千米,累计飞行时间超过7小时。它们就这样不知疲倦地吃完一个地方再飞往下一个地方。

# 鸟吃了蝗虫会中毒吗?

蝗虫有散居型和群居型两种生态类型。散居型蝗虫没有危害，体色为绿色，与周围的环境融为一体，从而保护自己不被天敌发现；而群居型蝗虫的体色是鲜艳的黄色或黑色，能挥发出苯乙氰（qíng）这种化学物质。鸟不喜欢这种味道，但饿了也会吃一些蝗虫。群居型蝗虫一旦被鸟类啄食后，它挥发的苯乙氰就会转变成剧毒的氢氰酸，鸟吃了之后会呕吐。群居型蝗虫就是靠这种机制来抵御天敌的。这也说明群居型蝗虫的防御手段更加高明，因而防治它也更加困难。除了体色和防御机制外，散居型和群居型蝗虫在嗅觉、活动能力、免疫能力等方面都有差异，这涉及复杂的调控机制。近年来，科学家在这方面做了许多研究，致力于遏制蝗虫从散居型转变成群居型，大大减少了蝗虫成灾的可能性。

## 自然放大镜
## 蝗虫的生活档案

生命周期：

渐变态昆虫，雌性产卵于土内或者土表。若虫的形态和成虫相似。

行为习性：

主要在日间活动。有些蝗虫能够成群迁飞，对农作物造成非常严重的损害。

食物：

植物的叶片等部分。

# 蝼蛄（lóu gū）

蝼蛄会挖土吗？
蝼蛄的叫声也是有"口音"的吗？

## 凛凛岁云暮（节选）

〔两汉〕佚名

凛凛岁云暮，蝼蛄夕鸣悲。
凉风率已厉，游子寒无衣。

蝼蛄是不折不扣的
"土行孙"。

## 听我讲诗词

这是《古诗十九首》中的一首诗，《古诗十九首》代表着汉代五言诗发展的高峰。节选部分的意思是，寒冷的岁末，蝼蛄彻夜鸣叫，声声悲凄。冷风凛冽刺骨，妻子惦记远方的丈夫出门在外，还没有过冬的寒衣呢！

作为一种常见的农业害虫，蝼蛄很早就受到中国人的重视。李时珍在《本草纲目》里也对这种昆虫做了详细描述："蝼蛄穴土而居，有短翅四足，雄者善鸣而飞，雌者腹大羽小，不善飞翔。吸风食土，喜就灯光。"看来，在明代，人们就对蝼蛄的习性有了充分的了解。

## 会挖土的虫子

蝼蛄最为奇特的是它的前足，也叫"挖掘足"，顾名思义就是用来挖土的。它的前足很大，末端呈齿状，就和挖掘机一样，再加上尖尖的头部和坚硬的前胸背板，让它挖起土来丝毫不费劲。蝼蛄是不折不扣的"土行孙"，连吃饭也能在地下完成。它喜欢吃植物的地下部分，比如刚播下的种子、嫩芽，或者地下根茎。即便不吃，它在土里钻来钻去，也容易造成植物的根系受损。所以，蝼蛄是一类农业害虫。以前，农民伯伯和农业专家会根据它的习性想尽办法来消灭它。

蝼蛄挖起土来丝毫不费劲，连吃饭也能在地下完成。

# 是拉拉蛄、地拉蛄还是土狗？

蝼蛄是直翅目蝼蛄科昆虫的总称，中国常见的有华北蝼蛄和东方蝼蛄等。它有很多有意思的俗称，如拉拉蛄、地拉蛄、土狗等。蝼蛄的长相比较奇特，头部较小，略成圆锥状，触角为丝状；胸部有较大的椭圆形前胸背板，前翅很短，只有腹部一半的长度，而后翅较长；腹部末端还有两根尾须。

## 蝼蛄的叫声有"口音"？

北宋诗人晁补之的诗句"初夜深砌吟蝼蛄"道出了蝼蛄的两个习性。"初夜"表示它是夜行性动物，"吟"表示蝼蛄能鸣叫发声，因此人们会利用这些习性来捕捉它。蝼蛄在晚上有很强的趋光性，人们就利用灯光诱捕它。雄性蝼蛄在夜晚鸣唱，和蟋蟀一样唱的是求爱的歌曲，所以也有人专门录下雄性蝼蛄的歌声，在田间地头播放，诱捕雌性蝼蛄。在这个过程中，科学家还意外发现在北京录的雄性蝼蛄的鸣叫声放到河南却不好使了，只有河南本地雄性蝼蛄的歌声才能吸引当地的雌性蝼蛄，这说明不同地理种群的蝼蛄还有不同的"方言"。

## 蝼蛄的产房

雄性蝼蛄鸣唱引来雌性后，它们会进入隧道内进行交尾。雌性产卵前还会挖出专门的卵室，卵室比一般的隧道宽阔一些，有点儿像一个侧倒的烧瓶。蝼蛄是不完全变态的昆虫，若虫和成虫相似——头、胸部较小，而腹部较大。当冬季来临时，蝼蛄会继续往土壤的深处活动，一般在地下 40～60 厘米处，不吃不动进行休眠。等到来年春天，气温上升，它们再回到浅土层活动。

# 为什么要利用灯光诱捕昆虫？

如果你去乡下游玩或者在野外露营，当夜幕降临，你坐在灯下，不一会儿就会发现好多小虫子朝你飞过来。不过这些昆虫的目标不是你，而是灯光。许多昆虫都有趋光性，如蛾、白蚁和蝼蛄。人们利用这一点可以做昆虫的多样性调查。在野外撑起一块大白布，再打开一盏灯，就能看到很多昆虫接二连三地落到白布上。这时，调查人员就可以取样抓捕或者进行统计等工作。不是专业的研究人员也可以用灯诱的方法来观察夜间活动的昆虫。要注意，不能随意抓走昆虫并且带回家，因为有些昆虫可能是国家保护动物。除此之外，还可以利用灯光来消灭有害昆虫，比如餐厅里常见的紫色灭蝇灯。不过不是什么灯都可以杀虫，不同的昆虫可能喜欢不同波段的光，而高压汞灯、黑光灯都能发出紫外线，能吸引大部分的昆虫，因此应用比较广泛。

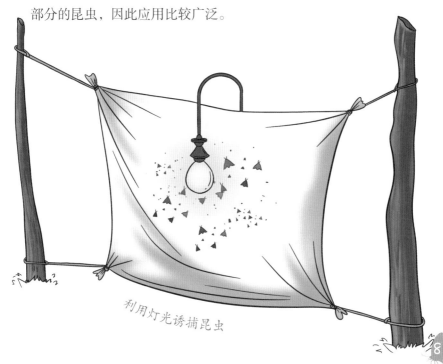

利用灯光诱捕昆虫

# 玉米实验室

**作　　者：** 陈婷，南京大学生态学硕士，少儿科普作者。

施奇静，中央民族大学动物学硕士，科学编辑。

**绘　　者：** 刘春田，笔名春田，插图画家，毕业于四川美术学院动画系。

谭希光，《烟台晚报》专刊部副主任，插画师，山东省新闻美术家协会理事。

**科学审订：** 张劲硕，国家动物博物馆副馆长，研究馆员。

**主　　编：** 史军

**执行主编：** 朱新娜

**内文版式：** 于芳

小读客

## 小读客经典童书馆

童年阅读经典　一生受益无穷

古诗词里的自然常识

# 白鹭为什么排成一行飞？

钟欢　施奇静　孙诗易　著

春田　谭希光　绘

江苏凤凰文艺出版社
JIANGSU PHOENIX LITERATURE AND
ART PUBLISHING

图书在版编目（CIP）数据

白鹭为什么排成一行飞？/ 钟欢，施奇静，孙诗易
著；春田，谭希光绘 . -- 南京：江苏凤凰文艺出版社，
2022.9（2023.2 重印）
　（古诗词里的自然常识）
　ISBN 978-7-5594-6578-8

　Ⅰ . ①白… Ⅱ . ①钟… ②施… ③孙… ④春… ⑤谭
… Ⅲ . ①自然科学 – 儿童读物 Ⅳ . ① N49

中国版本图书馆 CIP 数据核字 (2022) 第 168269 号

# 白鹭为什么排成一行飞？

钟欢　施奇静　孙诗易　著　　春田　谭希光　绘

| | |
|---|---|
| 责任编辑 | 丁小卉 |
| 特约编辑 | 庄雨蒙　唐海培　李颖荷 |
| 封面设计 | 吕倩雯 |
| 责任印制 | 刘　巍 |
| 出版发行 | 江苏凤凰文艺出版社 |
| | 南京市中央路 165 号，邮编：210009 |
| 网　　址 | http://www.jswenyi.com |
| 印　　刷 | 河北彩和坊印刷有限公司 |
| 开　　本 | 880 毫米 ×1230 毫米 1/32 |
| 印　　张 | 11 |
| 字　　数 | 111 千字 |
| 版　　次 | 2022 年 9 月第 1 版 |
| 印　　次 | 2023 年 2 月第 2 次印刷 |
| 标准书号 | ISBN 978-7-5594-6578-8 |
| 定　　价 | 159.60 元（全 4 册） |

江苏凤凰文艺版图书凡印刷、装订错误，可向出版社调换，联系电话：010-87681002。

## 想读懂古诗词，先要读懂生活

咱们中国的古诗词美吗？当然美！

作为一个曾经做过语文试卷的人，你是不是也只是把这些赞美挂在嘴边而已？

既然古诗词是我们的文化瑰宝，既然我们都觉得古诗词是美好的语言，既然我们自认是中华文明的传承者，为什么还会有这样尴尬的情况出现呢？

因为我们离开古诗词已经太久了。不过，这种距离感不是时间带来的，而是认知带来的。

细想一下，你就会发现古诗词离我们并不遥远。一口气背诵上百首唐诗，一口气报出"李杜"的名号，这样的场景何其熟悉。然而，这些词句和知识即便经过了我们温热的双唇，也只是冷冰冰的文字组合，并没有成为我们生活的一部分，它们只是一些复杂的文字符号，读完后很快就消散在空气中。

训练记忆能力就是古诗词的全部价值吗？当然不是！

古诗词里有的是壮丽河川，古诗词里有的是花鸟情趣，古诗词里有的是珍馐美味，古诗词里有的是恩怨情仇……而这一切不正是所有我们喜欢听的故事的组成部分吗？

想象一下，如果古人也有抖音、微博、小红书这些社交平台，那么古诗词就是他们社交平台上鲜活的内容。古诗词的背后有着生

动的故事，有着难忘的回忆，还有着灿烂的文化传承。

当然，要想真正明白这些文字，我们确实需要一些知识储备。毕竟古诗词是古人创作智慧的结晶，他们用尽可能极致、简练的语言表达更多的内容和更悠远的意境。

你可能会抱怨：说了半天，还是不能解决问题啊。别着急，这正是《古诗词里的自然常识》的价值和意义所在。读完这套书，孩子会明白《诗经》中"投我以木瓜，报之以琼琚"的本义是滴水之恩，涌泉相报；读完这套书，孩子会明白"春蚕到死丝方尽"其实是一个生命轮回的必经阶段，蚕与桑叶割舍不断的联系在几千年前就注定了；读完这套书，孩子会明白古人如此看中葫芦这种植物绝不仅仅因为它的名字的谐音是"福禄"……

这正是我们力图告诉孩子的故事，这正是我们想让孩子了解的中国历史和自然常识！

有趣生动的故事、色彩鲜明的插画、幽默活泼的文字是有效传递这些思考和理念的扎实的基础。看书不仅仅是看词句，更重要的是体会古诗词作者的生活，真正理解这些古代的好评量极高的社交内容。

从今天开始，不要让古诗词成为躺在课本上的文字符号；从今天开始，让我们一起找回古诗词原有的魅力和活力！

让古诗词成为我们知识的一部分吧，让古诗词成为我们话语的一部分吧，让古诗词真正成为我们生活的一部分吧。

想读懂古诗词，先要读懂生活。这就是我们想告诉你的事情。

中科院植物学博士　史军

# 目　录

黑天鹅

鹧鸪

翡翠

麻雀

伯劳

鸠

# 古诗词里的鸟儿

# 孔雀 (kǒng què)

白孔雀、绿孔雀、蓝孔雀，有什么不一样？
孔雀为什么会长着"中看不中用"的尾上覆羽？

## 孔雀东南飞（节选）

汉乐府

孔雀东南飞，五里一徘徊。

十三能织素，十四学裁衣。

十五弹箜篌（kōng hóu），十六诵诗书。

十七为君妇，心中常苦悲。

雌性绿孔雀

听我讲诗词

这是一首著名的乐府诗，讲述了焦仲卿和刘兰芝夫妻的家庭生活故事。节选部分写的是刘兰芝的少女时期和结婚后的生活，从中我们不难看出刘兰芝的勤劳和善良。诗歌开头"孔雀东南飞，五里一徘徊"非常有画面感，是他们夫妻两人难舍难分的情感写照，也成了广为流传的诗句。

雄性绿孔雀

河南安阳的殷墟中曾出土过孔雀骨，可见，早在先秦时期，孔雀就已经出现在古人的生活中了。不过，这里所说的孔雀并不是今天常见的蓝孔雀，而是中国原产的绿孔雀。晋时刘欣期所写的《交州记》里就有对绿孔雀的描述："孔雀色青，尾长六七尺。"

这里的绿和蓝指的是孔雀脖子的颜色，孔雀属的鸟类只有这两种。所谓的"白孔雀"其实还是蓝孔雀，只是羽毛出现了白色变异而已。绿孔雀曾经遍布中国南方地区。如今，森林资源的减少使绿孔雀的家园逐渐萎缩，中国的野生绿孔雀只剩下不到 500 只。雄孔雀都有着华丽的尾上覆羽，能长到一米多长，求偶时会开屏；雌孔雀没有华丽的尾屏，羽色也相对暗淡。

白孔雀

绿孔雀

## 绿孔雀和蓝孔雀有什么不一样？

绿孔雀有着直立簇状的羽冠，脸颊有一块明显的黄色裸皮，颈部有绿色鳞片状的斑纹，两翼收拢后是深蓝色，身材高挑；蓝孔雀有着扇形的羽冠，脸颊没有裸皮，颈部是纯蓝色，两翼密布着白褐相间的斑纹。雌性蓝孔雀是棕灰色的，而雌性绿孔雀跟雄性绿孔雀之间的差别不那么明显，主要是雌性的尾上覆羽短。

蓝孔雀

## 孔雀的求偶行为

**孔**雀最为人熟知的求偶行为就是开屏了。雄孔雀会把自己华丽而沉重的尾羽打开，好像一面巨大的屏风。不仅我们人类看到雄孔雀开屏会感到惊奇，雌孔雀也会惊异于这个巨大美丽的"屏风"。炫耀尾羽是雄孔雀主要的求偶方式。

**除**了开屏，雄孔雀的求偶动作还有擦羽，就是在开屏的时候，摩擦羽毛，发出"嚓——嚓——"的声音。开屏中的雄孔雀还会跳舞。如果这个时候雌孔雀看不上它走开了，雄孔雀还会转动身体，保证自己的开屏是正对着雌孔雀的。

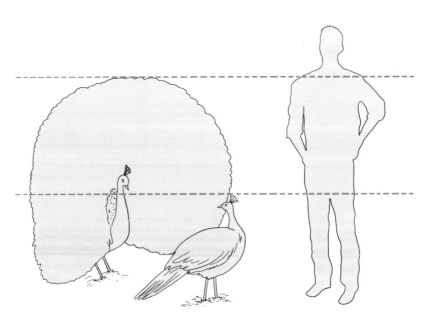

孔雀开屏后和人的高度对比

# 孔雀为什么会长那么重的尾上覆羽？

**其**实，只有雄孔雀才拥有沉重而漂亮的羽毛，雌孔雀长得十分朴实，一点儿华丽的羽毛都没有。

**作**为拥有华丽羽毛的代价，雄孔雀因此丧失了长途飞行的能力。尽管如此，雄孔雀的羽毛依旧向着更华丽、更沉重的方向演化。因为对雄孔雀来说，延续自己的基因比自己的生命更加重要。生命总会结束，而没有华丽的羽毛，它就找不到雌孔雀繁衍后代，这样它的基因就会消失在历史长河里。

**所**以，雄孔雀长那么重的尾上覆羽，就是因为雌孔雀觉得这样的雄孔雀更强壮，更让它喜欢。

## 自然放大镜

### 孔雀平时吃什么？

**野**生的孔雀是一类杂食性的鸟儿，喜欢吃各种野果，也会吃稻谷、青草、树叶。除此以外，它们还会吃蟋蟀、蝗虫、蛾类等昆虫，甚至连一些小蜥蜴也不会放过。而在养殖场里，喂养孔雀和养鸡相似，饲养员给它们吃牧草和饲料，饲料里面主要有玉米、小麦、谷粉、麸（fū）皮、豆粕（pò）、骨粉、贝壳粉等。

# 杜鹃 (dù juān)

杜鹃的叫声有什么特点？
小杜鹃是被谁养大的？

## 闻王昌龄左迁龙标遥有此寄

〔唐〕李白

杨花落尽子规啼，闻道龙标过五溪。

我寄愁心与明月，随君直到夜郎西。

**听我讲诗词**

暮春三月，李白在扬州，听说好友王昌龄被贬为龙标尉，看到眼前飘飞的柳絮，听到耳边一声声杜鹃的悲啼，他有感而发，写下了这首诗，表达对好友际遇的感同身受和无法当面向好友话别的愁绪。这里的"龙标"指王昌龄。远在千里的李白，把自己的担心托付给明月，向好友遥致思念。

子 规是杜鹃的别名，杜鹃也叫布谷鸟。相传这种鸟是蜀王杜宇的精魂所化，鸣声异常凄切动人。杨花掉落的时节大概是 3 月初，此时，候鸟杜鹃也飞回包括中国各地在内的繁殖地了，古人在 3 月初惊蛰节气的物候描写中也提到过这种鸟儿。杜鹃的叫声独特，在不同人、不同情境下听来，总能引起不同的联想。有的说它是在叫"布谷"，有的说它是在叫"好苦"，这让杜鹃经常在古诗中露面。

杜鹃卵和它们寄主的卵很相似。

# 大杜鹃的繁殖

中 国人熟知的杜鹃是大杜鹃。春天，它从南半球的越冬地飞回，在北半球繁殖。但它不自己筑巢，而是将蛋下到其他鸟类的巢中，伪装成鸟巢主人的蛋，让"冤大头"替它孵蛋、养娃。这就是著名的"巢寄生"。

不 同种群的大杜鹃有不同的寄主，常见的是灰喜鹊。为了在灰喜鹊的巢里产卵，大杜鹃会长时间监视灰喜鹊的巢，一旦灰喜鹊离开巢穴，大杜鹃就会迅速地飞进去产卵。有时候大杜鹃找不到机会，就会模仿猛禽雀鹰的姿态飞向灰喜鹊的巢穴，把它们吓飞，然后就可以趁机把卵混入灰喜鹊的巢穴了。

## 杜鹃卵的孵化

一般来说，杜鹃卵的孵化期要比被寄生者早 3~4 天。提前孵化出来的杜鹃雏鸟会在别人的巢穴里搞破坏，比如不停地活动导致巢穴的温度下降，让其他卵因为温度不够而无法孵化出来。有时候，小杜鹃也会亲自上阵，直接用背把其他卵顶出巢穴，让它们摔碎在地上。

## 小杜鹃的生长

独占了灰喜鹊的巢穴以后，小杜鹃就会拼命喊饿，而灰喜鹊出于母爱的本能，也会把之前雏鸟需要的食物都喂给小杜鹃。有研究者曾观察到，一只出生 19 天的小杜鹃一天就被喂食了 19 次，一共被喂了 161 只昆虫，食物的总重量达 126.8 克，而这时候的小杜鹃的体重只有不到 80 克。

哪怕面对的是唯一的"强盗"小孩儿，灰喜鹊父母还是会竭尽自己的所有。为了给小杜鹃一个清洁的家，在它排泄的时候，灰喜鹊父母常常会用自己的嘴巴把粪便接住，然后抛到巢穴外面。

这种代为养育的过程会持续接近 1 个月。羽翼丰满以后，被养大的杜鹃就会张开自己的双翅，头也不回地离开它的家，抛弃它的养父母，毫不留恋。

比杜鹃小很多的东方大苇莺要非常努力地觅食，才能填饱这个块头很大的"养子"。

# 东方大苇莺和大杜鹃的协同进化

杜鹃对猛禽雀鹰的模仿并不仅限于飞行的姿态，它的体形、腹部的条纹、羽毛甚至叫声都模拟了雀鹰。

过，研究发现，同属于大杜鹃常见宿主的东方大苇莺就能认出天上冲着自己的巢而来的到底是大杜鹃还是雀鹰，然后发出不同的报警声。它的同伴在听到这种特殊的报警声以后，会以最快的速度回巢。

趣的是，由于平时接触少，对于外来的同样会巢寄生的红翅凤头鹃，东方大苇莺就不会发出这种特殊的报警声。研究还发现，虽然和东方大苇莺不是同一个种，住在旁边的黑眉苇莺作为大杜鹃寄生的另一"受害者"，却能听懂它们的报警声，然后做出反应。

方大苇莺常常躲在水边芦苇丛中鸣唱，叫声像小狗发出的声音。

## 自然放大镜

外形：外形修长，两翼及尾巴都很长。嘴强壮有力，嘴形弯曲，便于捕捉大型昆虫。

巢：在树上栖息，将卵产在其他鸟类的巢中。

叫声：大多数是"布谷——布谷——"的声音，清晰悦耳，四声杜鹃的叫声是响亮清晰的四声哨音。

食物：以昆虫为食。

# 喜鹊（xǐ què）

能带来好运的喜鹊竟然和乌鸦是亲戚？喜鹊会架桥吗？

## 西江月·夜行黄沙道中

〔宋〕辛弃疾

明月别枝惊鹊，清风半夜鸣蝉。稻花香里说丰年，听取蛙声一片。

七八个星天外，两三点雨山前。旧时茅店社林边，路转溪桥忽见。

这是一首写田园风光的词，描绘了一个生机勃勃的夏夜。明月升上树梢，惊飞了喜鹊，晚风清凉，蝉鸣阵阵；稻花飘香，蛙声一片，似乎在告诉人们又一个丰收年即将到来。寥落的星星，忽明忽暗；山前的小雨，淅淅沥沥。小桥一过，土地庙旁的树林边，还是那座熟悉的乡村客店。

## 鸟儿有历史

你听过"鸠占鹊巢"这个成语吗？意思是鸠自己不筑巢而强行霸占喜鹊巢，后来多比喻以霸道强横的方式坐享别人的成果。其实，占了喜鹊巢的并非斑鸠，而是常出现在城市上空的红隼（sǔn）。古人所说的"鸠"是一类猛禽的统称。

# 公认聪明的鸟儿

喜鹊和乌鸦的亲缘关系很近，体形也接近，它们都是鸦科的鸟类。但是，民间往往认为喜鹊会带来好运，乌鸦会带来霉运。这真是冤枉乌鸦了。

鸦科的鸟类是公认聪明的鸟儿，比如它们喜欢准备好几个空巢，用来迷惑敌人。此外，很少有动物能辨别出镜子里的自己，而喜鹊就是其中之一。

# 筑巢"能手"

**在**民间传说里，每年七夕，无数的喜鹊会飞到银河上，架起"鹊桥"，让久别的牛郎、织女可以短暂地相见。因为这个传说，"鹊桥"成为联结爱人之间美好情感的象征。现实中的喜鹊不会架桥，而是筑巢"能手"。喜鹊的巢随处可见，树杈上、电线杆上、楼房的空调位上……大大的一丛非常显眼。不过，你可别小看这些乱糟糟的喜鹊巢，为了搭好它们，喜鹊可没少花心思。喜鹊巢的入口常常开在背风处，巢是半封闭的，只留侧面一两个拱门，喜鹊甚至会考察开口的角度。

喜鹊的巢分内巢和外巢，内巢会选用羽毛、干草等柔软舒适的材料，而外巢则选用坚固的树枝。有时候，喜鹊还喜欢在旧屋上建新居。于是，喜鹊窝越搭越高，看上去非常壮观。

# 凶猛的喜鹊

**喜**鹊是公认的吉祥的鸟儿，但也不要轻易招惹它们。尤其在繁殖期间，喜鹊非常护雏。如果你不小心接近了它们的巢，喜鹊可能会认为你要伤害它们的宝宝，便会发出警告的鸣叫。如果你还不在意，就可能受到来自喜鹊的群体攻击。

## 不爱搬家的喜鹊

喜鹊是一种留鸟，它们长时间生活在同一个地区，不喜欢搬家，不会像燕子一样一到冬天就飞往温暖的南方。这背后有一个重要的原因——喜鹊的食谱非常丰富。即使在寒冷的冬天，喜鹊也能找到食物，就连在人类的垃圾中，它们也能找到吃的。

这是喜鹊巢的剖面图。

## 滁州西涧

〔唐〕韦应物

独怜幽草涧边生，上有黄鹂深树鸣。

春潮带雨晚来急，野渡无人舟自横。

听我讲诗词

立春后便能听到黄鹂的鸣叫，一到夏天，麦子黄了，黄鹂叫得越发欢畅。这首诗是诗人任滁州刺史时所作，描写了静谧的春日景色。诗人独爱涧边的幽幽芳草，林木深处是婉转啼鸣的黄鹂。不过，此处的鸟鸣并不热闹，反而让人有种幽深的感觉。傍晚时分，春潮伴着春雨，使涧水的水势转急。一叶无人的扁舟，横陈于郊野的渡口。

# 黄鹂 (huáng lí)

黄鹂都是黄色的吗？黄鹂的叫声嘹亮悦耳，它是怎么求偶的？

黄鹂是长江以北地区的夏候鸟，夏季飞到中国东部等地区繁殖，冬季飞到亚洲南部越冬。自古以来，黄鹂就受到众多诗人的喜爱。王维的"漠漠水田飞白鹭，阴阴夏木啭黄鹂"朗朗上口；晏殊的"池上碧苔三四点，叶底黄鹂一两声"广为人知。诗人们为什么对它情有独钟呢？这大概是因为黄鹂是春的使者，它的出现就意味着春天的到来。

## 黄鹂都是黄色的吗？

黄鹂科有 20 多种鸟类，但它们未必都是黄色的。不过，在中国大部分地区最常见的黄鹂确实是黄色的，它就是黑枕黄鹂。黑枕黄鹂一般在树顶筑巢，一次产 4～5 枚卵。雌性负责孵化，雄性负责防御，雌雄一同育雏。

## 黄鹂深树鸣

黑枕黄鹂虽然羽毛颜色鲜艳，但喜欢在树木浓密的枝叶里活动，除非特意寻找，否则很难看见它，通常只能听到它的鸣唱。所以，诗人说的"黄鹂深树鸣"非常符合它的习性。

黑枕黄鹂的巢筑在大树的树梢间，看起来像个摇篮。

# 黑枕黄鹂怎么求偶？

黑枕黄鹂十分擅长鸣叫，它的叫声嘹亮悦耳，因此，它求偶的方式就是对歌了。每年的 6—8 月是黄鹂的繁殖季，这个时候雌黄鹂会在前面飞，雄黄鹂就在其后紧追不舍。如果雌黄鹂停了下来，那雄黄鹂也会跟着停下来并开始对歌。雌黄鹂唱几句，雄黄鹂就会跟着唱几句，有来有回，持续很久很久。

## 黑枕黄鹂的叫声

鸣叫是黑枕黄鹂十分重要的活动。在繁殖期，黑枕黄鹂的活动范围多在 100 米以内，但是它的叫声却可以传播 300～400 米之远。整个繁殖期里，它平均每小时就要叫上 100 多次；在鸣叫次数最多的筑巢期，它平均每小时能叫上 200 多次。

黑枕黄鹂的鸣叫不但次数多，形式也十分复杂。有 1 个音节的叫声，也有 3 个、5 个、6 个音节的叫声，甚至还有一些难以归类的叫声。就算是同样音节数的叫声，也会有不同音调的差别。如果仔细听，你会发现它们不只是不同生长时期的叫声不同，哪怕是早上、中午、晚上的叫声都有不同。可惜的是，我们并不知道这些叫声具体表示什么，也许它们只是在聊家长里短吧。

# 黑枕黄鹂的迁徙

黑枕黄鹂是比较典型的迁徙鸟类。天气寒冷的时候，它们会飞往印度、斯里兰卡、马来半岛这些温暖的地方过冬；等到第二年春天气温上升，它们才会往北迁徙进入中国境内。

最早在4月上旬，我们就能在广东、广西、贵州、福建一带看到黑枕黄鹂了。到了4月下旬，四川、湖南、江西、上海一带也开始出现黑枕黄鹂的身影。5月上旬，它们飞过秦岭。等到5月中旬，我们就能在北京看到黑枕黄鹂了。

最后，黑枕黄鹂会在中国北方完成它们的繁殖重任，然后在冬季到来之前再次启程南迁，每年周而复始。

## 自然放大镜

外形：体形小，羽毛色彩亮丽，嘴强直有力。

食物：以果实及昆虫为食。

巢：巢筑在大树的枝梢间，用树枝及纤维物环绕树枝筑成，看上去就像是个摇篮，一窝产卵4～5枚。

叫声：清晰而响亮悦耳。

## 钱塘湖春行

〔唐〕白居易

孤山寺北贾亭西，水面初平云脚低。

几处早莺争暖树，谁家新燕啄春泥。

乱花渐欲迷人眼，浅草才能没马蹄。

最爱湖东行不足，绿杨阴里白沙堤。

写这首诗的时候，诗人恰好在杭州当官。闲来游玩，他站在西湖的最佳观景点——孤山寺的北面到贾公亭的西面极目远眺，首先映入眼帘的是湖水涨平，水天相接，白云低垂的美景。接下来是莺歌燕舞、繁花盛开、浅草青青的画面。最后，诗人将目光推向最爱的湖东，远处的白沙堤在绿树的掩映下美不胜收。

# 家燕 (jiā yàn)

小燕子不是黑白的吗，怎么说它"穿花衣"呢？
燕子的巢穴是怎么建出来的？

燕子在古人的眼中一直都是受人喜爱的形象，因为人们将"燕子衔泥"视为春天开始的标志。难得的是，清朝的经学家郝懿行曾写过一本科普小书《燕子春秋》，实际观察、记录了燕子在农历二月至九月间的迁徙、繁殖、育雏、营巢、飞翔、捕食等诸多行为，对燕子的生物学特征进行了比较全面的总结。

在人们春天放飞的风筝里，最具代表性的造型就是燕子。说起来，燕子风筝确实生动地还原了家燕"穿花衣"和尾巴"似剪刀"的特点呢！

## 燕子是"穿花衣"吗？

家燕"穿"的的确是"花衣"，但因为飞得太快，看起来好像只有黑白两色。中国大部分地区的家燕都是夏候鸟，它们每年春天从南半球飞回，在欧亚大陆和北美大陆繁殖。归来的家燕一般不会再用前一年的旧巢，而会"啄春泥"来建造新家。

## 家燕的孵化行为

家燕一年要产两次卵，整个孵卵过程基本上都由雌燕独自承担。雌燕每天都会花 20 个小时进行孵卵工作，剩下的时间需要外出觅食。但是，雌燕每次出去花几分钟吃几口后，就又飞回巢穴继续孵卵。这几分钟时间是吃不饱的，于是雌燕只能频繁地往外飞，算是"少食多餐"。

这样的孵化生活持续 14 天后，雏鸟就出壳了。遇上孵化艰难的情况，雏鸟就是不出来时，雌燕还会帮助雏鸟一下，用嘴在壳上啄一个小洞，好让它探出脑袋。

## 家燕和大杜鹃的"恩怨"

杜鹃不筑巢，常喜欢把蛋下到别的鸟巢里，给自己的孩子找"养母"。大杜鹃是国内常见的寄生性杜鹃，有多达 24 种有记录的宿主，家燕就是其中之一。

大杜鹃的幼鸟长得巨大，甚至比成年的家燕还要大，一只幼年的大杜鹃就能把整个燕子窝撑得满满当当。为了躲避大杜鹃的寄生，南方的家燕会避开大杜鹃的繁殖高峰，把自己的繁殖时间提前一些，所以南方的家燕就很少被寄生。

家燕自身也演化出了识别杜鹃卵的能力，它甚至能识别出很相似的大杜鹃卵和雀鹰卵。也有专家认为，家燕和人类做邻居能获得很多好处，其中一项就是驱赶大杜鹃。因此，家燕很少被大杜鹃寄生成功，偶尔发现一两例，都会被人们当成稀罕事儿在网上传播。

# 家燕的巢穴

家燕一般在4—5月的时候飞到它的繁殖地，然后开始筑巢。和一般的鸟巢不同，家燕的巢穴十分复杂而坚固，因此，它们的筑巢时间也十分漫长。

它们先是啄取湿泥和稻草，混合着唾液来砌成坚固的外壳，这个过程一般就要持续11～12天。然后，它们又会花3～4天拾取干草根铺在巢底做成软垫。最后，它们甚至还会在这个垫子上铺上4～5根羽毛或者人的头发，让巢穴更柔软，这样既能安放自己的蛋，也能防止雏鸟打滑跌出巢外。

## 自然放大镜

外形：体细长，两翼长且尖。身上是钢蓝色的，胸部偏红，有一道蓝色的胸带，腹是白色的。

食物：以空中的飞虫为主。

叫声：喊喊喳喳。

巢：衔泥筑巢。

# 雨燕 (yǔ yàn)

"旧时王谢堂前燕"中的"燕"是什么燕？
飞得最快的燕子又是哪一种呢？

## 乌衣巷

〔唐〕刘禹锡

朱雀桥边野草花，
乌衣巷口夕阳斜。
旧时王谢堂前燕，
飞入寻常百姓家。

东晋时，乌衣巷是高门士族的聚居区，会聚了很多人才。唐代诗人刘禹锡到此地怀古，那时六朝古都的景色已不存在，朱雀桥边的野草开出了花，在夕阳的斜照下，乌衣巷口的断壁残垣显得十分荒凉。当年的世家大族王导、谢安宅邸檐下的燕子，如今也飞进了寻常百姓的家中。读这首诗，我们不难体会到诗人对沧海桑田的无限感慨。

**古**人对动植物没有明确的分类，所以，分辨古诗中的物种就成了一件难事。有人说"旧时王谢堂前燕"里的"燕"是北京雨燕，这是因为它们喜欢在木结构建筑中筑巢。但是，生性胆小的雨燕目鸟儿可不敢明目张胆地在"堂前"筑巢，而会把巢建在木结构建筑的孔洞中，或者屋顶下的昏暗空间里。而且，在人类的建筑出现之前，它们都在昏暗的洞穴等地筑巢。此外，《乌衣巷》的创作地点在今天的南京，人们在此地通常见不到北京雨燕，它们迁徙的繁殖地主要在中国北方，北京、河北、天津一带。不过，这并不影响我们了解北京雨燕这种可爱的鸟儿。

雨燕的脚爪很小，四个脚爪完全朝前生长，这让它能垂直地攀附在墙壁上。

## 最擅长飞行的鸟类

**雨**燕是世界上最擅长飞行的鸟类之一。以常见的北京雨燕为例，它平均每小时能飞行 110 千米，甚至比高速公路上的汽车都要快一些。飞行"能手"北京雨燕，吃喝拉撒都是飞着完成的。不过，站在地上的北京雨燕就没了在空中的本事，甚至站都站不稳。

**雨**燕之所以拥有如此强大的飞行能力，和它的生活轨迹有分不开的关系。和在海南过冬、到北方繁殖、喜欢"国内游"的家燕不同，北京雨燕每年都要进行一次遥远的"出国旅行"。每到秋天，北京雨燕就会飞到遥远的非洲去过冬。到了第二年夏天，它又会飞回中国北方繁殖后代。可见，它的飞行能力确实很强。

# "永不落地"的鸟儿

在神话传说里，有一种无脚鸟，它一生都在天上飞，飞累了就在风里睡觉，只有死的时候才会下地。

现实生活中当然不存在这样的鸟儿，但也有极为接近的存在——普通雨燕。多年前就有科学家发现，普通雨燕拥有十分惊人的滞空能力。在对 13 只在瑞典南部捕获的普通雨燕进行了长达两年的追踪以后，科学家发现它们 99% 的时间都是在空中度过的，其中有 3 只普通雨燕在整整 10 个月中从未落地一次。

普通雨燕可以在空中进食，在空中交配，它们能在空中休息甚至睡觉，除了哺育幼鸟必须在巢穴里完成，普通雨燕几乎不会落地。

## 金丝燕的悲歌

雨燕科有 90 多种鸟儿，生活在东南亚海岸上的金丝燕就是其中之一。和喜欢在高大古建筑上筑巢的北京雨燕类似，金丝燕的巢筑在百米悬崖之上，它会用自己的唾液和羽毛之类的杂物混合，做成巢穴。每一个巢穴都需要一只金丝燕不眠不休地吐上万次唾沫才能筑成。

不幸的是，人类有时会无情地把这些巢穴夺走，做成燕窝。无家可归的金丝燕只能继续做下一个巢，然后再次被夺走，直到筋疲力尽，只能随便在悬崖上找个凹陷地当成巢穴。这样的巢穴质量很差，卵和幼鸟都非常容易从上面滑落。而下面就是万丈悬崖，滑落的幼鸟很难有存活的希望。

## 北京雨燕的保护工作

**在** 2000 年年初，北京师范大学的赵欣如老师对北京雨燕的数量进行了统计，发现当时北京一共只有 3000 多只北京雨燕，主要分布在各种古建筑群和仿古建筑里。随着古建筑的不断减少，也许有一天在北京就再也看不到它们了。

**为** 了保护北京雨燕，他提出了以下建议：一是撤销部分古建筑的防雀网；二是悬挂人工巢箱，为雨燕提供筑巢地点；三是建造专供雨燕筑巢的雨燕塔；四是加强环境污染治理，为雨燕和人类创造更好的环境。

### 自然放大镜

外形：外表像家燕，实际上是蜂鸟的近亲。

食物：在飞行中进食，以昆虫为食。

巢：在山洞、空树及屋檐下筑巢，有些用泥筑成杯状的巢，有些用唾液筑巢。

叫声：不同种类的叫声差异比较大，有些在筑巢时会发出咔嗒声。

# 乌鸦（wū yā）

为什么人们会觉得乌鸦不吉利？黑乎乎的乌鸦竟然非常聪明？

## 天净沙·秋思

〔元〕马致远

枯藤老树昏鸦，小桥流水人家，古道西风瘦马。

夕阳西下，断肠人在天涯。

*听我讲诗词*

这是元散曲中有名的佳作。黄昏，盘曲的藤条缠绕在干枯的老树上，几只乌鸦落了上去，给人一种寂静、苍凉的感觉。小桥下有潺潺的流水，附近有几处人家。古道上，西风冷冷地吹，瘦弱的老马艰难前行。夕阳西下，漂泊在外的游子啊，怎能不想家呢？全曲短小精炼，意蕴深远，被后人誉为"秋思之祖"。

虽然乌鸦看起来黑乎乎的，不过在先秦时期，它曾经被认为是一种神鸟。所谓"乌鸦报喜，始有周兴"就是说乌鸦带来了吉祥的预言。唐宋以后，乌鸦在中国人心目中的地位急转直下，从原来的神鸟，变成了令人讨厌的灾星——诗词中出现的乌鸦通常都是"昏鸦"和"寒鸦"这样负面的形象。比如，杜甫的"独鹤归何晚，昏鸦已满林"，辛弃疾的"晚日寒鸦一片愁"，等等。乌鸦的出现，也会勾起古人孤独、愁苦的情感。

今天，我们对乌鸦有了更多的了解。乌鸦非常聪明，甚至能够制订计划，它们很擅长学习，能把自己获得的知识传授给其他乌鸦。乌鸦吃腐肉加快了物质的循环，是"大自然的清洁工"。乌鸦羽毛的颜色不是来自色素，而是来自显微结构对光线的反射、衍射。从不同角度观察的话，乌鸦的羽毛其实不是纯黑的，可能是泛着蓝紫色的金属光泽。对了，乌鸦和象征吉祥如意的喜鹊可是近亲呢！

## 天下乌鸦一般黑？

绝大部分乌鸦是黑色的，但是并不代表全天下的乌鸦都是黑色的。在中国新疆的塔克拉玛干大沙漠里，就有一种名为白尾地鸦的鸟类，它的身体是褐色的，尾巴则是白色的。白尾地鸦是世界濒危鸟种，数量已不足 7000 只，所以绝大部分人没有见过。"乌鸦"这个名字并不是正式的名字，它只是鸦科下面几十种鸟类的俗称。至于白尾地鸦能不能算乌鸦的一种，这个暂时没有定论。

## 聪明的鸟类

过去 30~40 年的研究表明，鸦科鸟类拥有超凡的智力和记忆力，它们在多项认知测试中的成绩和类人猿持平，甚至超越类人猿。它们能够学会使用"钱"（代币）来购买食物，小嘴乌鸦和渡鸦为了未来能得到更多更好的食物，可以在 5~10 分钟的时间里控制自己对食物的渴望。这种延迟满足就连不少人类的儿童都无法做到。

## 会用工具的鸟

鸦类是少数会使用工具的动物之一。有一只著名的叫贝蒂的新喀鸦，甚至会制造工具。在一次研究中，它把一根铁丝弯成了一个钩子，并用钩子从管子里取出了一个装有奖励的小桶。这种制造工具的能力原来一直被认为是类人猿的专长。

1. 先取一根枝条

2. 把这根枝条插入一个小洞

3. 取出一条小虫

4. 吃掉小虫

# 乌鸦的护巢行为

**在**中外文学作品里，乌鸦虽然常常代表绝望和死亡的反派形象，但在现实生活中却完全不是这么一回事。比如，碰到人类去破坏乌鸦巢穴的时候，如果是刚建好的巢穴，乌鸦就会立刻弃巢，另外再造一个。但是如果巢里有它的蛋，乌鸦就会有明显的恋巢表现，它会在边上窥视巢穴，一旦人类离开，它就会回到巢穴中继续孵化。

**当**雏鸟出生的时候，乌鸦的护巢行为达到顶峰。如果这个时候人类去驱赶它，它不但不会离开，雌雄亲鸟还会不断对人类猛扑和拍打，并且发出洪亮的鸣叫，不管人类怎么驱赶都无济于事。为了保护雏鸟，死亡对乌鸦来说似乎都不再是威胁了。

## 自然放大镜

外形：全身乌黑。

食物：以谷物、浆果、昆虫和腐肉为食。

叫声：粗哑的嘎嘎声。

# 画眉 (huà méi)

画眉的叫声优雅动听，天性却颇为好斗。
你知道什么是"斗画眉"吗？

听我讲诗词

画眉在万紫千红的树梢枝杈间跳上、飞下，它的鸣叫百啭千啼，忽远忽近，甚是好听。诗人也曾陶醉于金丝笼中画眉的叫声。但当他来到山林，亲耳聆听了自由、欢快的鸣叫之后，才发现什么是真正的妙音。写这首诗的时候，欧阳修正因政治斗争受到排挤被外放到滁州任职。了解了这一背景，我们就知道他为什么会羡慕林间自在的画眉了。

## 画眉鸟

〔宋〕欧阳修

百啭千声随意移，
山花红紫树高低。
始知锁向金笼听，
不及林间自在啼。

画眉的叫声优雅动听，自古就是人们乐于豢（huàn）养的鸟类。古典文学名著《红楼梦》中林黛玉初入贾府，由仆人引着去见贾母时便看到"两边穿山游廊厢房，挂着各色鹦鹉、画眉等鸟雀"。不仅如此，由于画眉天性好斗，"斗画眉"也有着非常久远的历史。当两只画眉被放在一个笼子里的时候，双方往往会认为对方是入侵者，于是战斗就会爆发。战斗的过程异常激烈，以致主人经常要担心自己的画眉是否会有生命危险。自 2021 年 2 月 1 日起，画眉正式升级为国家二级保护动物，"斗画眉"的主意就不要再想了。

## 群鸟中的歌唱家

画眉是雀形目的鸟类，"画眉"这个名字说的是它眼睛周围非常鲜艳的白色眉纹。雀形目的鸟类如黄鹂，大多叫声婉转动听，画眉的鸣唱尤其动听。然而，这悦耳的歌声有时却给它们带来了灾难。有人因为喜欢它们的歌声而将它们囚禁在鸟笼中。画眉在地面觅食，吃落在地面的果实和昆虫，这也让它们容易被人捕捉。

今天，画眉在野外的歌声越来越不容易听到，由于人们贪婪地捕捉与囚禁，它们的数量越来越少。如果不停止非法捕捉、买卖、笼养画眉，未来我们或许就再也没有机会听它们"林间自在啼"了。

## 被大量捕捉的画眉

画眉被人类大量捕捉的主要原因还不是"斗画眉"，而是画眉的歌声动听，是鸣禽里的"佼佼者"。这个优点导致大量的画眉被捕捉，甚至进入国际贸易的市场。

但是雌雄画眉的歌唱能力完全不一样。出于求偶的目的，雄画眉的歌唱能力远强于雌画眉，这导致了养鸟者偏爱雄画眉。可是贪婪的捕鸟人却没法分辨雌雄，因此，运气不好而落入网中的雌画眉，往往会惨遭毒手。

## 画眉的求偶行为

画眉的求偶行为一般从 3 月上中旬开始。进入发情期以后，雄画眉就会从它的家族群里脱离出来，占领一块 4000～5000 平方米的林地。如果这个时候有别的雄画眉入侵它的领地，那么占领者会先发声示威。如果入侵者还不走，那么它就起飞驱逐。

有了领地，雄画眉就会在树上高亢鸣叫以吸引雌画眉。如果有中意的雌画眉到来，双方就会互相鸣叫、抖动翅膀、追逐，最后交配。交配完成以后，它们就会筑巢准备产卵了。

画眉筑巢的材料：松针、树根、树叶、杂草。

# 画眉的筑巢行为

**一** 对画眉筑好一座巢穴，正常需要1.5~3天，一般由雄鸟负责放哨，雌画眉负责筑巢。在筑巢的时候，画眉十分注重巢穴的隐蔽性，一旦它的巢穴被人发现，那么它很可能就会放弃原来的巢穴，在十几米外重新筑一个。

**画** 眉的这种行为本来是为了确保安全，但是在一些游客众多的山林里，这就成了一种负担。有人曾经观测到一对画眉，因为不断被人打扰，在一个繁殖期里反复筑巢达到8次之多。

**自然放大镜**

食物：在腐叶中穿行找食，以昆虫为主，也吃种子、果实、草籽等。

外形：白色的眼圈在眼后延伸成狭窄的眉纹。顶冠以及颈背有偏黑色纵纹。

巢：呈杯状或椭圆形的碟状，用干草叶、枯草根和茎等编织而成，地点隐蔽。

叫声：悦耳活泼而清晰的哨音。

# 鸠（jiū）

斑鸠吃多了桑葚会醉酒吗？
斑鸠求偶的时候会不住地鞠躬吗？

## 国风·卫风·氓（节选）

〔先秦〕佚名

桑之未落，其叶沃若。

于嗟鸠兮，无食桑葚！

**听我讲诗词**

这是一首先秦的民间歌谣，出自中国古代第一部诗歌总集《诗经》。这几句诗的意思是桑叶还没落下的时候，像被水浸润过一样有光泽。唉，那些斑鸠呀，不要贪吃桑葚。

## 鸟儿有历史

中国古代有一本研究《诗经》的著作，叫《毛诗故训传》。根据书中记载，古人认为斑鸠吃多了桑葚会醉酒。由于桑葚落果可能发酵产生酒精，所以鸟儿吃多了也是有可能醉的。醉了的鸟儿是什么样呢？科学家们观察发现，鸟儿醉酒后，叫声会变得含混不清。

珠颈斑鸠

灰斑鸠

斑鸠是很多种鸟儿的统称，中国常见的有灰斑鸠、山斑鸠、珠颈斑鸠等。它们都是鸠鸽科的鸟类，和我们熟悉的鸽子有很近的亲缘关系，长得也很像。不过，斑鸠一般不集群，只会单只或者成对出现。斑鸠吃植物的种子，也吃果实，桑葚就是它们的食物之一。

山斑鸠

## 斑鸠怎么求偶？

和开屏的孔雀不同，斑鸠的求偶仪式是蹦蹦跳跳的。雄性会绕着雌性一边转圈，一边鸣叫，每走几步还会鞠一下躬。当然，斑鸠鞠躬不是为了表示尊敬，而是为了炫耀，炫耀它脖子上的前颈羽。如果这个时候雌斑鸠不喜欢，飞走了，雄斑鸠就会追上去，一边追还一边鸣叫、鞠躬。雌斑鸠跑得越快，雄斑鸠就追得越快，鞠躬也越频繁，直到雌斑鸠答应为止。

雌斑鸠　　雄斑鸠

## 斑鸠筑巢

斑鸠在求偶前往往要先选定巢穴的地址。比如，雄性珠颈斑鸠为了选址，一般会在上午 10 点左右，在高大乔木的顶上飞来飞去。如果发现在它选择的风水宝地里有别的鸟的巢穴，它还会去破坏对方的巢穴，把对方赶走。

选定住址以后，雄斑鸠就叫来雌斑鸠，开始求偶、交配，接着两只鸟儿就一起筑巢。斑鸠的巢穴往往比较简单，由不到 100 根的枝条拼成。如果有别的鸟儿留下的旧巢穴，它们偶尔还会回收利用一下。

# 斑鸠怎么喂养幼鸟？

斑鸠是一类性别分工比较平等的动物，雄性和雌性都会参与育雏。它们育雏的过程一般分为 3 个时期，会持续 20 天左右。

前 5 天，亲鸟会在嘴巴里分泌一种富含蛋白质的鸽乳来喂养雏鸟。从第 6 天开始，鸽乳的分泌量逐渐减少，亲鸟会混搭一些植物种子来喂养雏鸟。从第 13 天开始，雏鸟就会偶尔离巢，开始练习飞行，不过傍晚的时候，雏鸟还是会回到巢穴里栖息。20 天以后，雏鸟就正式成年了，开始离巢独立生活。

**自然放大镜**

食物：以果实、种子以及浆果为食。

外形：身体结构紧凑，嘴短粗。

巢：以细小树枝营建平台形的巢，卵为白色。

叫声：重复发出悦耳的咕咕声。

# 鹧鸪（zhè gū）

叫声听起来像在哭的鹧鸪原来是在求偶？
为什么北方人没有见过鹧鸪？

## 菩萨蛮·书江西造口壁

〔宋〕辛弃疾

　　郁孤台下清江水，中间多少行人泪？西北望长安，可怜无数山。

　　青山遮不住，毕竟东流去。江晚正愁余，山深闻鹧鸪。

昔日，金兵攻占北宋的都城汴京（今开封）并一路追至造口。辛弃疾途径此地，写下这首词，抒发自己对国家兴亡的感慨。郁孤台下的清江水里流淌着多少百姓的血泪？词人遥望西北的长安，只见一座座青山。不过，奔涌的江水终究是挡不住的，它必定能冲破重峦叠嶂，向东流去。正在此刻，远山的深处传来鹧鸪的声声悲鸣，又让词人陷入了无尽的忧伤。

## 鸟儿有历史

鹧鸪的叫声听上去断断续续，像是在抽泣。古人听到鹧鸪鸣叫，难免会被勾起离愁别绪。所以，许多文人墨客都曾借用鹧鸪来抒情。实际上，鹧鸪的叫声可不是在感伤，而是在求偶。繁殖季节的雄鹧鸪竞争非常激烈，它们的嘶鸣和啄木鸟的啄木声一样，都是为了夺得雌鹧鸪的青睐。

## 爱穿花衣裳

鹧鸪的嘴巴黑黑的，眼睛是暗褐色的，身上的羽毛黑白棕相间，背上和胸腹部又有许多眼状的白斑，就好像穿了一件花衣裳。乍一看，鹧鸪有点儿像鹌鹑，又有点儿像鸡。不过，它的体形比鹌鹑大，又比鸡小，不难分辨。

## 鹧鸪的求偶行为

每年 3—6 月是鹧鸪的繁殖期，通常，它们会提前两个月开始求偶交配。为了争夺配偶，雄鹧鸪们通常要举办一场"鹧鸪好声音"，通过较量歌喉来展现自己。如果歌声难分伯仲，那它们就会大打出手。首先，雄鹧鸪们会像拳击手一样凝视彼此，然后开始互啄。它们的喙坚硬有力，只有打到另一方落败而逃，胜利者才能赢得雌鹧鸪的"芳心"。鹧鸪通常实行"一夫一妻制"，不过也有少数鹧鸪群里实行"一夫多妻制"，这是"头鸪"才有的"特权"。"头鸪"是领地内唱歌和打架的第一名，还享有高声啼叫权、沙浴优先权。

鹧鸪生着一双典型的"鸡爪子"。

## 鹧鸪的繁育行为

求偶交配后，雌雄鹧鸪会在 4—5 月开始筑巢。它们通常会在灌丛或草丛里筑巢，土坑状的鸟巢由枯草、枯枝组成，看上去和其他陆禽的巢穴一样简陋。虽说鸟巢有点儿粗糙，可鹧鸪的蛋却十分光滑。鹧鸪每窝通常产卵 5～10 枚，呈椭圆形或梨形，通体棕白色，带暗红斑，有点儿像放大版的鹌鹑蛋。鹧鸪蛋的孵化期是 21 天左右。在这段时间内，雌鹧鸪十分顾家，很少会离巢觅食。同时，它们的领地意识很强，雄鹧鸪会在高高的树枝上鸣叫以宣示主权。如果有不认识的同类想靠近它们的家，会被奋力驱赶出去。

## 生在江南，长在江南

鹧鸪生活在长江以南，是一种留鸟。也就是说，它长年累月都生活在同一个地方，不像燕子那样，在春夏时节飞往北方。所以，北方人没有见过它也就不是什么怪事了。

自然放大镜

## 鹧鸪的日常生活

鹧鸪不是素食主义者，它们吃杂草、野果、种子、嫩芽、嫩叶，它们也吃蚱蜢、蚂蚁等昆虫。因为荤素搭配，营养均衡，所以鹧鸪的身体很强健。它们的爪子十分有力，别说是跑来跑去，就连刨土也不在话下。鹧鸪喜欢在森林的灌木丛中觅食，一般是用走的，但有时也会飞，而且飞得还挺快。

吃饱喝足的鹧鸪也很会享受，它们会在正午的阳光下来一场沙浴，在沙土堆里使劲扑腾翅膀，驱赶羽毛里的各种寄生虫。

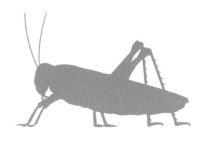

## 南乡子·梅花词和杨元素

〔宋〕苏轼

寒雀满疏篱，争抱寒柯看玉蕤（ruí）。忽见客来花下坐，惊飞。踏散芳英落酒卮（zhī）。

痛饮又能诗，坐客无毡（zhān）醉不知。花尽酒阑春到也，离离。一点微酸已著枝。

# 麻雀 (má què)

古人为什么讨厌麻雀？麻雀真的是害鸟吗？

苏轼和杨元素曾经共事，两人经常写词往来，互相唱和。这首词记录了两人同事间相处融洽的深厚友谊。冬日里，疏疏的篱笆上停满了麻雀。它们争着飞向梅树，欣赏如玉的梅花。麻雀看到来吃酒的客人坐到梅树下，一下子惊飞起来，踏散了的梅花落到客人的酒杯里。主人杨元素善饮又能作诗，客人喝醉了，垫坐的毛毡掉了也浑然不觉。酒饮尽，花赏足，春天悄悄地来了，梅子就快爬满枝头。

麻雀极其常见、极其普通，在古人的诗词中常常作为陪衬出现。诗歌中常常用麻雀的渺小来衬托鸿鹄、凤凰的高大。如《韩诗外传》中有这样的说法："夫凤凰之初起也，翾（xuān）翾十步，藩篱之雀喔咿而笑之。"不过，麻雀会吃掉农民辛苦种植的庄稼，所以古人对它的厌恶和贬损也就不难理解了。

## 麻雀的食性

麻雀虽然喜欢吃农作物的种子，但它本身是杂食性动物，也会吃杂草的种子和各种昆虫，甚至少量的蜘蛛、蜗牛。一般来说，麻雀吃农作物最多，其次是杂草种子，最后才是昆虫。在这些被麻雀吃掉的昆虫里，有益虫，更多的是害虫。从这点来说，麻雀也算帮了人类一点儿忙。同时，麻雀吃掉了杂草种子，也在一定程度上抑制了杂草的生长，只不过效果可能不大。

麻雀的幼鸟主要以昆虫、蜘蛛这样的动物为食，不吃农作物的种子。这样看来，麻雀算不上是完全有害的鸟儿。

## 城市污染的指示者

由于麻雀分布广、数量多，近年来人们会用麻雀来衡量城市的污染情况。比如污染物汞（gǒng），在农作物区的家麻雀体内的含量就要高于在工业区的家麻雀。但是对于污染物镉（gé）则相反，在工业区的家麻雀体内的含量要高于在农作物区的家麻雀。在一些特殊的农业区，如果杀虫剂对环境造成了污染，麻雀体内的杀虫剂的含量就会比非农业区的要高。不过，这里提到的家麻雀，并不是我们常见的家雀儿——树麻雀。

## 麻雀都在哪里出没？

在大多数人的印象里，麻雀是一种总是出现在树林里的鸟儿，实际上麻雀喜欢的觅食地点是距离人类的建筑物比较近，但植被不大茂密的地方。这些地方虽然没有丰富的天然食物，但是人类的活动会留下一些食物作为补充。

不过在麻雀休息的时候，情况会有所不同。这个时候各个觅食地里的麻雀会聚集起来，因为数量越多，意味着有更多的警戒者，可以更早地发现天敌，提高麻雀的生存率。而枝繁叶茂的大树能提供更多停靠的地点，所以麻雀更喜欢聚集在大树上休息。

这是我们常见的树麻雀。

## 自然放大镜

外形：矮矮的，圆圆的，体形较小，嘴锥形。

习性：喜欢群栖，多数与人类有共同的栖息环境。

叫声：以啾啾声为主。

食物：主要以农作物的种子为食，也吃杂草的种子、昆虫等。

## 绝句二首·其一

〔唐〕杜甫

迟日江山丽，春风花草香。

泥融飞燕子，沙暖睡鸳鸯。

# 鸳鸯（yuān yāng）

鸳鸯是一直这么漂亮吗？它们真的是爱情的"代言鸟"吗？

这首诗是杜甫在成都时期的作品，有着"以诗入画"的意境。诗一开始，就描绘了初春浣花溪一带明丽的春景——春光下的江山格外秀丽，春风吹来，花草芳香。春日的温暖软化了泥土，燕子衔泥筑巢，沙洲上睡着成双成对的鸳鸯。

## 鸟儿有历史

鸳鸯非常漂亮，而且古人认为它们对爱情非常忠贞，因此常常把鸳鸯作为装饰图案，成对地绣在被褥上，作为爱情美满的象征。鸳鸯被上绣着的两只鸳鸯大多很漂亮，但实际上，漂亮的鸳鸯都是雄性，雌鸳鸯的羽毛颜色暗淡，也没有漂亮的羽冠。而且，即使是雄性，鸳鸯也不是一整年都这么漂亮的。在非繁殖季节，雄鸳鸯会换羽，羽毛的颜色也会像雌鸳鸯那样暗淡。此时就要借助嘴来分辨它们的雌雄：雄鸳鸯的嘴是红色的，雌鸳鸯的嘴是褐色的。

鸳鸯是一种树栖的鸭科动物，通常会在离水不远的树洞里筑巢孵蛋，小鸳鸯出生后会集体爬出树洞，跟随亲鸟下水游泳。

# 鸳鸯的繁殖行为

虽然鸳鸯常常被当作爱情美满的象征，但从它们的繁殖过程中却很难看出这点。鸳鸯的求偶过程很简单。雌雄鸳鸯在水中游泳，看对眼的双方会频繁点头，雄性还会竖立头部的冠羽，同时伸直颈部，不断摆动头部。

完成配对的鸳鸯开始筑巢。和一般鸟类不大一样的是，鸳鸯是由雌性承担筑巢任务，巢穴一般由枯树枝、树叶、草和羽毛构成，直径往往只有十几厘米，深度也只有 10 厘米左右。

## 鸳鸯育雏

鸳鸯的孵卵也全部由雌性承担，孵卵期的雌鸳鸯每天要离巢 2～3 次觅食，每次觅食时间大约 1 个小时。这个时候，雄鸳鸯并不会帮助孵卵，而是和雌鸳鸯一起取食戏水。为了防止离巢的时候其他动物过来偷蛋，雌鸳鸯会用草把卵遮盖起来。

刚孵出来的鸳鸯幼鸟全身长满羽毛，眼也是睁开的，在巢穴中停留 1～2 个小时就可以跟随亲鸟游泳、觅食。

鸳鸯常在天然的树洞里筑巢，不过，现在人们会给它们提供"宅基地"。

**亲**鸟对雏鸟非常保护，这个时候的亲鸟会异常警觉，一旦有人或者其他动物靠近，它们就会高声鸣叫。

## 鸳鸯吃什么？

**虽**然生活在水里，但是鸳鸯的主要食物来源并不是水产品。不管是成鸟还是雏鸟，鸳鸯吃的大多是植物性的食物，比如各种草本植物和各种植物种子。在水里，鸳鸯会吃水藻，偶尔也会吃一些小鱼、虾类和螺类这样的动物性食物。

**为**什么我们很少看到鸳鸯上岸吃东西呢？其实，鸳鸯大部分的时间都在休息和游泳，用于觅食的时间很少，每天只有 1 个小时多一点儿，而且大部分集中在早上 7 点以前和下午 2 点以后。鸳鸯每天觅食的次数不多，每次的食量也不大。所以，我们看到的鸳鸯要么在休息，要么就在游来游去。

**自然放大镜**

**巢：** 在树穴或者河岸营建巢穴。

**外形：** 雄鸳鸯色彩艳丽，有醒目的白色眉纹、金色颈等；雌鸳鸯不是很艳丽。

**食物：** 吃青草，也吃动物性食物。

**叫声：** 常常安静无声。雄鸳鸯飞行时会发出短哨音。

# 翡翠（fěi cuì）

翡翠竟然还是一种鸟？这种鸟到底是什么颜色？

## 曲江二首·其一

〔唐〕杜甫

一片花飞减却春，风飘万点正愁人。
且看欲尽花经眼，莫厌伤多酒入唇。
江上小堂巢翡翠，花边高冢卧麒麟。
细推物理须行乐，何用浮名绊此身。

**听我讲诗词**

曲江又名曲江池，是著名游览胜地。面对美景，诗人却因仕途不顺而心情不佳：一片花瓣飘落，就让人感慨春色已减；如今风把成千上万的花打落，怎能不令人伤感？赶快欣赏这即将消逝的春光吧，也不要担心酒喝多了让人伤怀。昔日的楼堂如今衰败荒凉，被翡翠鸟筑了巢；原来雄踞的石麒麟，如今倒卧在地上。曲江池的盛况不再。仔细琢磨事物的道理，那就只能及时行乐，别让浮名牵绊自己，失了自由啊！

**古**人所说的翡翠鸟是什么颜色呢？《康熙字典》里说翡翠是翠鸟，"赤而雄曰翡，青而雌曰翠"。今天我们知道，雌雄翠鸟在外形上没有明显的差异，同一种类的雌雄翠鸟长得很像。古人看到的红色或者绿色的翠鸟，应该是不同的种类，可能是红色的赤翡翠和蓝绿色的普通翠鸟。

# 点翠的损失

**鸟**类的羽毛五彩缤纷。其中红色、黄色来自食物中的色素，而蓝色、绿色甚至黑色是它们特殊的羽毛结构在光线照射下呈现出来的效果。蝴蝶的翅膀五彩斑斓也是同样的原理。

**在**明清时期，翠鸟的羽毛被大量用于头冠、发簪的装饰。故宫馆藏的后妃头饰中，就有很多使用了点翠工艺。

**因**为翠鸟无法人工养殖，所以以前点翠工艺使用的羽毛来自野生翠鸟，主要使用的是白胸翡翠的羽毛，而这导致了野生翠鸟大范围减少。2021 年 2 月 1 日，白胸翡翠和其他三种翠鸟被正式列入国家二级保护动物。失去了羽毛来源，点翠工艺也就逐渐消失在历史长河里。

**现**在，点翠首饰主要用在京剧的配套行头上。不过，关于是否要复兴这项工艺，几年前曾经有过一阵激烈的争论。一边是接近失传的传统工艺，一边是濒危野生动物的保护。因此，在复兴这一传统工艺上，我们还需要积极探索，寻找一条更加合适的路。

# 强大的"捕鱼机器"

据栖息地的不同，翠鸟可以分为两大类。一种是生活在森林里的林栖类翠鸟，这类翠鸟主要以昆虫为食物。另一种是生活在水边的水栖类翠鸟，这类翠鸟主要以鱼虾为食物。水栖类翠鸟堪称"捕鱼机器"，它们会在半空中寻找猎物，然后迅速俯冲入水，抓住鱼虾以后又快速飞回空中。

1. 翠鸟抓鱼时，会在接近水面的地方收拢翅膀，看上去就像跳水运动员。

翠鸟科下面有两个属的翠鸟，单看名字就能看出它们特别擅长捕鱼——体形较小的鱼狗属和体形较大的大鱼狗属。

2. 抓到鱼之后，翠鸟会扇动翅膀，努力往上飞。

民间也常把翠鸟称为"鱼狗"。鱼狗既不是鱼也不是狗，却是一种鸟儿，真是一个奇怪的名字。

3. 翠鸟把抓到的鱼喂给宝宝。

# 普通翠鸟真的普通吗？

前面提到"红色的赤翡翠和蓝绿色的普通翠鸟"这句话，你会不会理解为赤翡翠是红色的，大多数常见种类的翠鸟是蓝绿色的？其实，这样理解是有问题的。不是常见的翠鸟就叫普通翠鸟，而是有专门的一个种名叫普通翠鸟。不过，普通翠鸟在我国也确实比较常见。

在生活中，我们也会遇见类似的奇怪名字。比如，普通感冒不是指普通、不严重的感冒，而是有一种病就叫普通感冒；普通外科医生也不是指普通的外科医生，而是外科有一个科室就叫普通外科。

自然放大镜

外形：色彩亮丽，金属蓝色的羽毛，头大，具有强壮的长嘴。

食物：以昆虫及小型脊椎动物为食。

巢：在地上、树干、河岸的洞穴中或白蚁穴中筑巢。卵是白色的，球形。

# 伯劳（bó láo）

"劳燕分飞"里的"劳"是什么鸟？它的日常生活是怎样的？

伯劳东飞燕子西去，牛郎和织女时而相见。对门住的是谁家的女儿呀？姣好的容颜和乌黑的秀发，乡里乡亲谁见了不夸赞呢！这几句诗用东来西去的伯劳与燕、隔河相对的牛郎星与织女星，比喻人和人之间聚少离多的情景。

## 东飞伯劳歌（节选）

〔南北朝〕萧衍

东飞伯劳西飞燕，

黄姑织女时相见。

谁家女儿对门居，

开颜发艳照里闾（lǘ）。

在中国，有些种类的伯劳（如虎纹伯劳、红尾伯劳）和燕子一样是夏候鸟。因为伯劳有迁飞的习性，所以古人常常以它入诗比喻人与人之间的离别。"劳燕分飞"这个成语就由此而来，现在比喻夫妻、情侣的别离。

**博物小课堂**

## 伯劳的日常生活

伯劳是小型的雀形目鸟类，中国有 10 多种。它个头不大，却是凶猛的肉食性动物，有着锋利的爪子和钩状的喙。伯劳有储存食物的习惯，会把没吃完的食物穿刺在树枝上。求偶时，雄伯劳也会把捕捉到的动物带到树上献给雌伯劳。

伯劳的生活节奏和白鹭十分相似。不过有趣的是，有人观察到伯劳在出门的时候会先站在巢边叫几声再起飞，回来时却没有类似的举动。

## 凶猛的伯劳

作为凶猛的捕食者，伯劳一般会停在高大的树梢或者电线杆上俯视着它的猎物。它不断环顾四周，一旦发现猎物，就会立刻俯冲而下。如果猎物比较小，伯劳就直接吃掉对方；遇上比较大的猎物，伯劳会啄倒对方，再用爪子将其带到树上食用。

伯劳锋利的爪子

伯劳的凶猛并不单是对它的猎物而言，也针对它的同类。如果发现同类进入自己的捕猎范围，那么它们之间就会展开激烈的战斗，直到其中一方被赶离这块"宝地"。

伯劳喜欢把猎物穿刺在树枝上。

## 伯劳吃什么？

虽然伯劳的凶猛众所周知，但是它的食谱组成和其他小鸟的食谱组成差别并不大。一份针对 41 只成年棕背伯劳的解剖统计表明，棕背伯劳确实会捕食大型的猎物，比如鼠类和蛙类，但是数量并没有那么多。大部分的伯劳还是以昆虫为食，最多的是类似金龟子这样的鞘翅目昆虫。这些昆虫大多是农田和山林里的害虫，所以伯劳的存在有助于保护农林业。

除了肉，还有 8% 的伯劳以植物为食，主要是各种植物种子和极少的一些枝叶。其实，我们印象中的绝大多数的肉食性动物都会吃一些植物，做到荤素搭配。

# 伯劳和大杜鹃的"恩怨"

**和**燕子一样，伯劳也是大杜鹃的宿主之一。作为一种以凶猛著称的鸟类，一旦发现大杜鹃靠近自己的巢，伯劳亲鸟就会强行驱逐它。可是即便如此，一份针对荒漠伯劳的研究表明，在整个繁殖季节里，依旧有 10% 左右的伯劳鸟巢被大杜鹃寄生。

**每**一个不同种群的雌性大杜鹃都会有固定的宿主，还会产下和对应宿主极其相似的蛋。宿主的识别能力越强，雌性大杜鹃产下的蛋就越像，双方就像在比赛一样。

**在**这场"比赛"里，有些是宿主输了，比如荒漠伯劳。虽然荒漠伯劳的识别能力很强，但是大杜鹃的模仿能力更强。而在另一些种群里，比如荒漠伯劳的"亲戚"红背伯劳，它们拥有更强的识别能力，大杜鹃就很难在它们的巢里寄生。

外形：头比较大，嘴强劲有力。

自然放大镜

巢：像杯子一样，筑在树杈上。

食物：以植物的种子和一些枝叶为食，也吃大型昆虫及小型脊椎动物。

叫声：多为粗哑的喘息声。

## 绝句

〔唐〕杜甫

两个黄鹂鸣翠柳，一行白鹭上青天。

窗含西岭千秋雪，门泊东吴万里船。

听我讲诗词

杜甫这首脍炙人口的诗记录了当时成都的初春物候。两只黄鹂在翠绿的柳荫中对唱，一行白鹭飞上青天。西岭雪山的白雪不会因为春暖花开而消融，门前的春水上涨，早已停泊了远自东吴而来的客船。安史之乱结束后的第二年，杜甫回到成都草堂，当时他的心情很好，面对这一派生机勃勃的景象，写下了这首即景小诗。

# 白鹭 (bái lù)

白鹭为什么是古人眼中的"高洁之士"？

白鹭为什么排成一行飞？

关于白鹭，《诗经》中记载："振鹭于飞，于彼西雍。我客戾（lì）止，亦有斯容。"白鹭冲天而起，它白色的羽毛和美妙的身姿，在古人看来有着高洁之意。白色的鹭有很多种，而在《绝句》这首诗中，能在初春时节的成都见到的应该是小白鹭，它们在我国南方过冬，通常一小群一起活动。小白鹭大多数时候是安静的，一般只有在受到威胁时才会发出刺耳的叫声。

## 飘飘欲仙的小白鹭

春季是小白鹭的繁殖期，此时，它的枕部会生出两条长羽，像遮阳帽上的飘扬丝带；它的背部和胸部会长出许多蓑羽，如同裙摆上美丽的流苏。雄鹭和雌鹭一旦结成夫妻便十分恩爱，雄鹭会为雌鹭梳理羽毛，它们彼此守护，如有危险靠近，便会一同向入侵者发起攻击。

白鹭长长的喙像匕首一样，喙的边缘像锯齿一样，有助于抓住滑溜溜的鱼。

白鹭的脖子长又灵活，有助于敏锐出击。

脚长、喙长、腿长、脖子长，鹭和鹤长得很像。在飞行时，鹭的脖子通常会呈"S"形弯曲，而鹤总是把脖子伸得很直。因此，我们远远地看一眼，就能将它们区分开来。

# 大白鹭总比小白鹭大吗?

并不是,大白鹭是有可能比小白鹭还要小很多的。其实,白鹭是好几种鸟的名字的统称,其中就有大白鹭和小白鹭。它们是两个不同的物种,最大的区别是小白鹭的喙是黑色的,而大白鹭的喙大多是黄色的。但是,也不是说喙是黄色的就一定是大白鹭,因为还有一种白鹭就叫黄嘴白鹭。

因为不是同一个物种,所以就可能有很小的大白鹭幼崽,它的体型远小于成年的小白鹭。还有一种成年白鹭的体型介于大白鹭和小白鹭之间,竟然真的就叫中白鹭。

## 白鹭的捕食行为

白鹭是十分警觉的捕食者。在觅食的过程中,它会转动自己长长的脖子,环顾四周,一旦有任何风吹草动,它就会立刻"走为上策"。觅食的时候,白鹭会缓步前行,一旦发现猎物,比如昆虫、蜘蛛、虾甚至鱼和青蛙,它就快步靠近,然后用长长的喙啄食。如果对方运动得很快,那么白鹭就会直接展开双翅腾空而起,飞过去进行攻击。

为了吃上溪流中的美味,白鹭偶尔也会在水流较急的地方,化身为一个耐心的等候者,静静地等着小鱼小虾自己送上门来。

# 白鹭的孵化行为

**实**行"一夫一妻制"的白鹭，在孵卵的时候也是雌雄共同参与的。和一般人认为的雌性孵卵、雄性守护的方式不同，大部分时候，雌雄白鹭会轮流孵卵。白鹭的孵化期长达21～27天，这期间雌性也要频繁出去觅食，就需要雄性来孵卵。而且，白鹭的孵化过程也很有特点，它们并不像有的鸟类那样趴在上面一坐了之，而是每天把卵翻晾十几次，就和我们煎鸡蛋一样，要换个面再孵化。到了孵化末期，卵内的雏鸟发育迅速，产热增加，它们每天翻晾的次数就会变得更多。

## 自然放大镜

## 白鹭为什么排成一行飞？

**读**到"两个黄鹂鸣翠柳，一行白鹭上青天"的时候，你是不是好奇白鹭为什么会排成一行飞呢？其实，列队飞行并不是白鹭独有的特点，许多鸟类都会成群结队地飞行。这是因为如果按照一个最佳间隔飞行，排在队伍后面的鸟可以借助队伍前面的鸟在飞行时产生的气流来节省体力。不过，这些列队飞行的鸟类都是"大鸟"，它们的翅膀比较长，比如鹈鹕（tí hú）、鹳（guàn）、雁等。因为较小的鸟类在飞行时会产生更复杂的尾部气流，通常会阻碍身后的鸟的飞行。

## 清平乐·别来春半

〔五代〕李煜

别来春半，触目柔肠断。砌下落梅如雪乱，拂了一身还满。

雁来音信无凭，路遥归梦难成。离恨恰如春草，更行更远还生。

听我讲诗词

南　唐后主李煜派弟弟入宋纳贡而不得归，这首词寄托了他对弟弟的思念。春日过半，白梅像雪花一般纷飞，将它拂去不一会儿又撒了一身。词人孤身站在这令人伤怀的景致中，深深思念着远方的亲人。千里传书的鸿雁来了，却没有带来亲人的消息，更添了几分愁绪。思念的愁苦就像那丛丛春草，不断地生长。

# 雁（yàn）

大雁和天鹅是什么关系？

大雁为什么排成"人"字形或者"一"字形飞？

鸿雁也叫大雁，是一种大型候鸟。因为它在北方繁殖，在南方过冬，所以古人传言可以借助它们在南北方之间传递消息，也就有了"雁足传书"和"鸿雁传书"这样的成语。鸿雁是古代常见的鸟类，中国的家鹅就是从鸿雁驯化而来的。

和"红掌拨清波"的家鹅一样，鸿雁也有一双橘红色的脚掌。鸿雁非常好认，它的嘴是黑色的，和前额形成一条直线；颈部棕白相间，有一条鲜明的分界线。

## 鸿雁的日常生活

在中国，鸿雁主要在东北繁殖，在长江下游及以南地区越冬。它们喜欢栖息在湿地、湖泊、沼泽等水生植物茂密的地方。

鸿雁以草本植物的叶和芽为食，偶尔也会食用少量的软体动物或者甲壳类动物。《吕氏春秋》中说："孟春之月候雁北，仲秋之月候雁来。"这说明在战国时期，人们就已经观测到了鸿雁迁徙的规律。

## 大雁和天鹅是什么关系？

雁并不是一个很标准的名字，它其实是一类鸟儿的统称，一些地方也会把大雁称为野鹅。叫法这么混乱，是因为它们都有着比较亲近的关系。我们常常会把鸭科雁亚科下所有的鸟类统称为雁，这个亚科下有好几个不同的属，鸿雁属于其中的雁属，而天鹅就属于其中的天鹅属。所以，哪怕我们把天鹅叫成大雁，说起来也不算是错误的。

## 外国的鹅也是由鸿雁驯化而来的吗？

世界上的家鹅有两种不同的起源，其中亚洲鹅和非洲鹅种主要来源于鸿雁，但欧洲鹅和美洲鹅种则不同，它们来源于鸿雁的亲戚灰雁。粗略估计，这两种雁在40万年前分化成了不同的种。

不过，在中国的新疆西部，还有一种和普通的中国家鹅不大相同的品种——伊犁鹅。根据对伊犁鹅的DNA分析，它和中国其他10个家鹅品种都不大相同，反而和灰雁的DNA很相似。从外形上看，其他中国家鹅品种的脑袋上都有一个肉瘤状突起，伊犁鹅却没有。也许，伊犁鹅是古时候从欧洲引入的品种。

有着流线型身躯的大雁在飞行时受到的空气阻力比较小，飞行更省力。

# 大雁为什么排成"人"字形或者"一"字形飞？

雁的迁徙旅程异常漫长，它们需要以每小时 70～90 千米的速度，不断飞行 1～2 个月之久，中间只有很少的休息时间。所以节省体力就成了大雁飞行中十分重要的需求。

飞行队列一般由一只有经验的老雁带头，带头的大雁鼓动翅膀以后，就会形成微弱的上升气流，后面的大雁就可以利用这股气流来节省体力。除此以外，鸟类的眼睛分布在两侧，排成"人"字形飞行的大雁可以让身后的大雁都能看到头领，而头领也能看到后方的大雁。

哪一个原因才是正确答案呢？因为鸟类的飞行动作太复杂，难以计算，目前还没有定论。

大雁在长途飞行时，每个成员会轮流做头雁。头雁的速度决定雁群的速度。

# 鹤（hè）

鹤顶的一抹红是有毒的吗？野鹤真的逍遥自在吗？

## 送方外上人

〔唐〕刘长卿

孤云将野鹤，岂向人间住。

莫买沃洲山，时人已知处。

听我讲诗词

前 两句的意思是诗人送僧人归山，说行僧像孤云和野鹤，怎能在人世间栖居住宿。后两句诗人劝僧人要归隐别去沃洲名山，那地方已为世人所熟知，僧人应另寻福地。想象一下晴朗的天空中只有一片云朵，带领着一只单飞的鹤，这是多么开阔逍遥的画面。今天，人们也会用"闲云野鹤"来形容逍遥自在的人生状态。

**我**们熟知的丹顶鹤也是古人口中的白鹤、仙鹤，它的翅膀张开能接近 2 米。在距今 2000 多年的河北满城汉墓出土的漆器上就绘有丹顶鹤的图案。三国时期，吴国的学者陆玑在《毛诗草木鸟兽虫鱼疏》中对丹顶鹤作了细致的描述："大如鹅，长脚，青翼，高三尺余，赤顶，赤目，喙长四寸余，多纯白。"无论是鹤寿千岁还是松鹤延年，丹顶鹤在中国人的记忆中历来是兆寿灵物、吉祥之鸟。

## 博物小课堂

## 鹤的体形

**在**非繁殖季节，鹤会成群结队地活动。单飞的鹤一般出现在繁殖季节，此时它要占有和守卫自己的领地。跟白鹭一样，鹤也有着长腿、长嘴、长脖子，但一般来说，鹤的体形更大，最小的蓑羽鹤的体长都接近 1 米。

**大**多数的鹤都有很长的气管，气管在胸腔中盘绕，形成类似长号的结构，这让鹤能发出响亮的鸣叫，也就是所谓的"鹤唳"。因此，凭叫声我们也可以把鹤和鹭区分开。

# "鹤顶红"有毒吗?

丹 顶鹤的头部有一小块红色区域,俗称"鹤顶红"。传说这是一种剧毒物质,服用后就会立刻死亡,无药可治。但实际上,丹顶鹤的全身都没有任何毒性,头上这块红色的头冠也没有毒性,沾上它更不会无药可治。

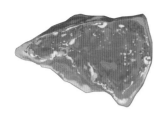

那 么,"鹤顶红"到底是什么?其实这是一种名为信石的矿石,有红、白两种颜色。这种矿石的主要成分为三氧化二砷(shēn),加工以后就是著名的毒药——砒霜。我们在电视剧里看到的皇帝赐大臣"鹤顶红",其实就是赐砒霜的意思。但是砒霜的名字不好听,于是就说成"鹤顶红"。之后传来传去,很多人就误以为丹顶鹤头上的一抹红是有毒的了。

## 聪明的野鹤

大 部分鸟类在孵卵、育雏的时候都会变得十分敏感而好斗。为了保护后代,鸟儿们演化出了多种多样的手段。

鹤 也一样。以动物园里常见的国家一级保护珍禽白枕鹤为例,它们在孵卵的时候十分警惕。稍有动静,它们并不会直接上前对抗,而是悄悄地从巢穴里下来,走到离巢穴大约 50 米的地方,然后突然起飞,飞到几百米外进行监视。很多掠食者就会被骗,本能地去白枕鹤起飞的地方寻找它们的巢穴,自然一无所获,最后只能灰溜溜地走掉。"影帝"级别的鹤妈妈、鹤爸爸就这样单靠表演守住了自己的家。

## 野鹤真的逍遥自在吗?

在现代汉语里,"闲云野鹤"这个词一般形容那些无拘无束、不受羁绊的人。

但现实中的野鹤真有那么逍遥自在吗?在云南丽江拉市海保护区里,有一个灰鹤的越冬地,灰鹤冬天会迁移到这里觅食。科学家们研究了这里的灰鹤在白天的所有行为,并将其分为4种——防卫性质的警戒行为(不断张望、倾听、看是不是有天敌出现);寻找食物和水源的取食行为;梳理羽毛、洗澡洗头的护理行为;睡觉、站立不动的休息行为。

最后发现,取食行为占了灰鹤日间活动时间的75%左右,警戒行为占了将近15%,护理行为只有5%左右,而休息时间最少,只占了不到4.5%。看来,每天的大部分时间都在为了温饱而挣扎的野鹤,也许才是最不"闲云野鹤"的存在。

### 自然放大镜

丹顶鹤喜欢栖息在开阔的平原、沼泽、湖泊、草地、海边滩涂、芦苇丛、河岸等地带,一般成对或成家族群、小群活动。在迁徙期和越冬期,丹顶鹤也常由数个或数十个家族群结成较大的群体。有时,集群的丹顶鹤多达100多只。

# 海鸥 (hǎi ōu)

古人说的鸥是什么鸥？听说有种鸥连兔子都能捉？

## 积雨辋川庄作

〔唐〕王维

积雨空林烟火迟，蒸藜炊黍饷东菑（zī）。

漠漠水田飞白鹭，阴阴夏木啭黄鹂。

山中习静观朝槿，松下清斋折露葵。

野老与人争席罢，海鸥何事更相疑。

王维作这首诗的时候已经隐居山林，诗歌描绘的画面正好展现了他闲散安逸的心境。连日雨后，树木稀疏的村落里炊烟冉冉升起，饭做好后就被送到田头干活儿的人手中。广阔平坦的水田上一行白鹭飞起；繁茂的树林中传来黄鹂婉转的啼声。诗人深居山中，望着槿花朝开夕落，修养宁静的品性；在松树下吃着素食，采摘新鲜的葵来佐餐。他认为自己已经是一个从官场中退出来的人，鸥鸟也不会有什么猜疑了。

## 鸟儿有历史

王维在这首诗中提到的海鸥与战国时期的一则寓言有关。有个人跟海鸥很亲近，他父亲跟他说："听说海鸥都愿意跟着你，你去捉一只回来给我玩。"可当他再去海边想捉海鸥时，海鸥都只在空中飞，不再下来了。古人说的海鸥指的是在海边生活的各种鸥鸟，而我们现在所说的海鸥则特指鸥科鸥属的一种鸟。

## 是鸥鸟不是海鸥？

中国的鸥科鸟类有几十种，人们常常统称它们为海鸥。实际上，我们常见的鸥鸟有会变色的红嘴鸥、嘴上带黑点的黑尾鸥、体形硕大的银鸥等。从严格意义上来说，它们是生活在水边的鸥鸟，但并不是海鸥。

红嘴鸥

黑尾鸥

银鸥

## 海鸥的捕食行为

海鸥的头圆圆的，喙短而细，成年后呈黄色。身上的羽毛洁白，两扇大翅膀则是灰色的。它体长 50 厘米左右，属于中型鸥类。海鸥吃的东西很杂，除了小鱼小虾，也吃各种小虫子、鸟蛋以及人类的残羹剩饭，属于有什么吃什么。曾经有视频记录了海鸥吞下一整只兔子的过程，那其实是海鸥的"大哥"大黑背鸥的杰作。大黑背鸥比海鸥的体形大不少，身体最长可达 79 厘米，如果把双翅展开能有 1.7 米，跟一个成年人的身高差不多。它可比海鸥凶猛多了，不仅会吃兔子，还会吃羊。

大黑背鸥长着长长的蹼和趾，这样在海边的泥沙里行走就不容易陷进去。

## 海鸥的繁育行为

海鸥

海鸥的寿命可达 24 年，每年 5—7 月，它们会在欧亚大陆北面广袤的草原上繁育后代。除了海岸边，岛屿、河流岸边也是它们筑巢的选址范围。实行"一夫一妻制"的海鸥，一旦认定了自己的伴侣，就会给配偶搭一个经久耐用的鸟巢。之后的每年，这对海鸥都会相约旧巢一同繁衍，有时候还会给旧巢修缮翻新。海鸥每窝产卵 2～4 枚，通常是绿色或橄榄褐色。雌雄海鸥轮流孵卵，直至 22～28 天后幼鸟诞生。经过两年的成长和换羽，幼鸟才能成为独当一面的成年鸟。出生头一年的幼鸟身上会有棕色的纵纹，直到第二年的冬天，才会渐渐长出一些白色和灰色的羽毛。

## 自然放大镜

## 海鸥的日常生活

从前的海鸥只能自己捕食，不管是抓小虫子还是偷别的鸟蛋都是个技术活儿。可如今它们可以在城市中生活，周围多的是手拿面包、薯条的人类。就算没人投喂，聪明的海鸥也会去便利店拿包零食，算是来顿"自助餐"了。

海鸥习性的改变虽然会给人类带来一点儿小麻烦，但更多的是对海鸥自己的影响。长期食用薯条、汉堡之类高胆固醇的食物对鸟类的身体是否有影响目前还不清楚，但城市里生活的鸟儿们体内的胆固醇含量确实会更高一些。

## 陈涉世家（节选）

〔汉〕司马迁

陈涉少时，尝与人佣耕，辍（chuò）耕之垄上，怅（chàng）恨久之，曰："苟富贵，无相忘。"佣者笑而应曰："若为佣耕，何富贵也？"陈涉太息曰："嗟乎！燕雀安知鸿鹄之志哉！"

# 鸿鹄 (hóng hú)

高雅沉静的天鹅竟然很凶猛？什么是"黑天鹅事件"？

节选部分出自史学巨著《史记》，写的是秦末农民起义领袖陈胜、吴广的传记。故事一开头便写了陈胜的与众不同。陈胜年轻时曾和别人一起当雇农，给有钱人家耕地。一天，他们在田埂的高地上休息，陈胜很惆怅地说："如果有谁富贵了，不要忘记大家呀。"一起耕作的同伴笑着回答说："给人耕地的雇农哪来的富贵呢？"陈胜长叹一声说："唉！燕雀怎能知晓鸿鹄的志向呢！"后来，这句名言常常用来比喻平凡人不懂得英雄人物的远大志向。

小天鹅

鸿鹄本指两类动物，鸿是鸿雁，鹄是天鹅。在古诗中，古人提及鸿鹄或者黄鹄，一般都是指天鹅。比如，西汉开国皇帝刘邦写的"鸿鹄高飞，一举千里"；还有三国时期魏国诗人阮籍的"宁与燕雀翔，不随黄鹄飞"。

天鹅是大型的雁形目鸟类，擅长长途飞行。在中国，常见的天鹅有大天鹅和小天鹅两种。大天鹅体形较大，双翅展开可达 2 米。天鹅这样大型、长寿的鸟儿，倾向于选择固定的伴侣一起养育后代，所以，大多数天鹅实行"一夫一妻制"，是真正的比翼双飞。

大天鹅

黑天鹅

## 天鹅的迁徙

天鹅每年迁徙飞行的距离可达数千千米，迁徙时多集合成小群一起活动。在古人看来，天鹅、鸿雁这样大型的鸟儿，能力和气度都是要远胜燕子和雀鸟的。当然，今天我们已经知道，燕子同样是在南北半球之间迁飞的鸟类，要说能力和气度，那一点儿都不比天鹅差。

## "黑天鹅事件"

在17世纪之前，欧洲人认为天鹅全都是白色的，他们从来没有见过其他颜色的天鹅，但是后来却发现了一只黑色的天鹅，这刷新了当时人们的认知。于是，人们就把这种意外出现的、影响重大的事件称为"黑天鹅事件"。

## 凶猛的天鹅

大部分鸟类在保护巢穴和幼鸟的时候都会展现出很强的攻击性，天鹅也不例外。特殊的是，大部分鸟类体形都很小，但是天鹅却很大，一只成年天鹅体长能达到1米多，体重有10千克以上。

伯劳再凶猛，面对人类这样的"庞然大物"也会束手无策。但是一只家鹅就能和普通人类打得有来有回，而体形大小接近家鹅2倍的天鹅，更是能把一般人打得抱头鼠窜。

曾经有一则新闻，某地一名男子违规下湖游泳，不小心踏进了一对黑天鹅的领地。面对黑天鹅的扑啄拧抓，男子毫无还手之力，最后负伤而逃。天鹅看似优雅，其实还是非常凶猛的，可不要惹到它们呀！

**自然放大镜**

## 天鹅的食性

虽然天鹅很凶猛，但是它们的食物仍然以植物为主。一项针对山东荣成天鹅湖的越冬大天鹅的研究表明，它们九成以上的食物来源是小麦，除此以外还有海带和大叶藻等。

不过，其他地方的大天鹅却很少有取食小麦的现象，说明天鹅并不是很喜欢吃小麦，只有在海带等藻类不够吃的情况下才会去吃小麦。

美国黄石地区的黑嘴天鹅还喜欢吃篦（bì）齿眼子菜的块茎。如果这些块茎不够吃了，它们还会去农田里寻觅别的代替食物。

〔先秦〕佚名

关关雎鸠，在河之洲。

窈窕淑女，君子好逑（qiú）。

**听我讲诗词**

这是《诗经》的第一篇，也是家喻户晓的名篇。节选的大意是关关和鸣的雎鸠，栖息在河中的小洲，贤良美好的女子，是君子的好配偶。《关雎》在中国文学史上占有特殊的地位，节选的几句用了"兴"的表现手法：用和鸣的雎鸠，咏叹君子和淑女的情感。

雎鸠尖利的爪子看上去像钩子，凭借它，雎鸠可以抓起鱼在空中飞行好长一段时间。

# 雎鸠（jū jiū）

雎鸠是什么鸟？它是传说中的"捕鱼高手"吗？

雎鸠是古时对擅长捕鱼的鸟类的称呼，有说法认为它是一种名为冠鱼狗的翠鸟。不过，更加广为认可的说法是，雎鸠是一种名为鹗的水鸟。《尔雅》中的解释说："雎鸠，王雎。"晋朝学者郭璞曾注解："雕类，今江东呼之为鹗，好在江渚山边食鱼。"鹗的寿命较长，有 20～30 年之久，它们配对后往往相伴终身，这也符合古人对雎鸠情感忠贞的印象。

## 名叫鹗的鱼鹰

鹗又叫鱼鹰，喜欢在岸边的大树上营建起庞大的巢。一般情况下，一对鹗要在这座"房子"里住上好几年。尽管鹗在世界各地的分布非常广泛，但是它们仍属于珍稀鸟类。鹗对生活环境的要求比较苛刻：清澈的水，水里有鱼，方便筑巢的大树，远离人类。

鹗会在树顶或大平台上筑一个很大的巢。

## 不会被打湿的羽毛

鹗的羽毛坚硬而光滑，即便沾了水也不会被打湿。这是因为它的尾骨腺能分泌一种润滑羽毛的物质。

## "捕鱼高手"

鹗的爪子很长，张开呈弓形，敏捷而有力。它们常常低飞盘旋在空中，发现适合捕捉的猎物便伸出爪子，又稳又准地扎入水中，狠狠抓住猎物。无论是湖泊，还是小河，鹗都能一展身手。但是有一点，水域必须洁净清澈，水混浊了，鹗就发现不了猎物了。

## 此鱼鹰非彼鱼鹰

不过，同叫鱼鹰的还有一种和人更亲近的动物——鸬鹚（lú cí）。它不属于猛禽，而属于鹈（tí）形目鸬鹚科的鸟类，嘴长呈钩状，能在水中长时间游泳追逐猎物。它每次捕鱼能在水下待 28 秒左右，潜水深度平均可达 5.8 米。因为鸬鹚的羽毛上没有防水的油脂，所以全身浸透水后的鸬鹚会显得有些笨重。

鸬鹚

虽说爱吃鱼，但鸬鹚也不是只吃鱼。除了鱼类，鸬鹚也会捕食甲壳类和两栖动物换换口味。有时候捕不到鱼，鸬鹚还会化身"强盗"，直接从其他鸟类的嘴里抢鱼。可别的鸟儿也不是吃素的，因此，鸬鹚也会遭到一些鹭科鸟类的抢食。

# 鸬鹚的"打工"生活

过去，渔夫们会用一些植物的茎编织成绳子套在鸬鹚的脖子上。这样的绳圈既不影响鸬鹚的正常生活，又能确保它们吞不下大鱼。每当鸬鹚捕到大鱼，在吞咽的时候就会被绳圈挡住，然后渔夫只需要一撸，大鱼就会从鸬鹚的口中吐出。完成捕鱼任务后，渔夫会给它们一些小鱼作为奖励，小鱼没那么大，自然可以穿过绳圈被鸬鹚吃进肚里。现在有了各种各样的捕鱼工具，大部分地方不需要依靠鸬鹚也能有稳定的捕鱼量了。

## 自然放大镜

**捕食：** 从水上悬枝深扎入水中捕鱼，或者在水上缓慢盘旋后振翅停在空中，然后扎入水中。

**外形：** 中等体形，褐、黑以及白色的鹰。

**食物：** 主要是鱼类。

**叫声：** 繁殖期发出响亮、哀怨的哨音。

观察一下鱼鹰和鸬鹚，它们有什么不一样？

# 玉米实验室

**作　者：** 钟欢，科普作家，乡村教师。

施奇静，中央民族大学动物学硕士，科学编辑。

孙诗易，少儿科普作者。

**绘　者：** 刘春田，笔名春田，插图画家，毕业于四川美术学院动画系。

谭希光，《烟台晚报》专刊部副主任，插画师，山东省新闻美术家协会理事。

**科学审订：** 张劲硕，国家动物博物馆副馆长，研究馆员。

**主　编：** 史军

**执行主编：** 朱新娜

**内文版式：** 于芳